AF396848

UN VOYAGE IMPRÉVU

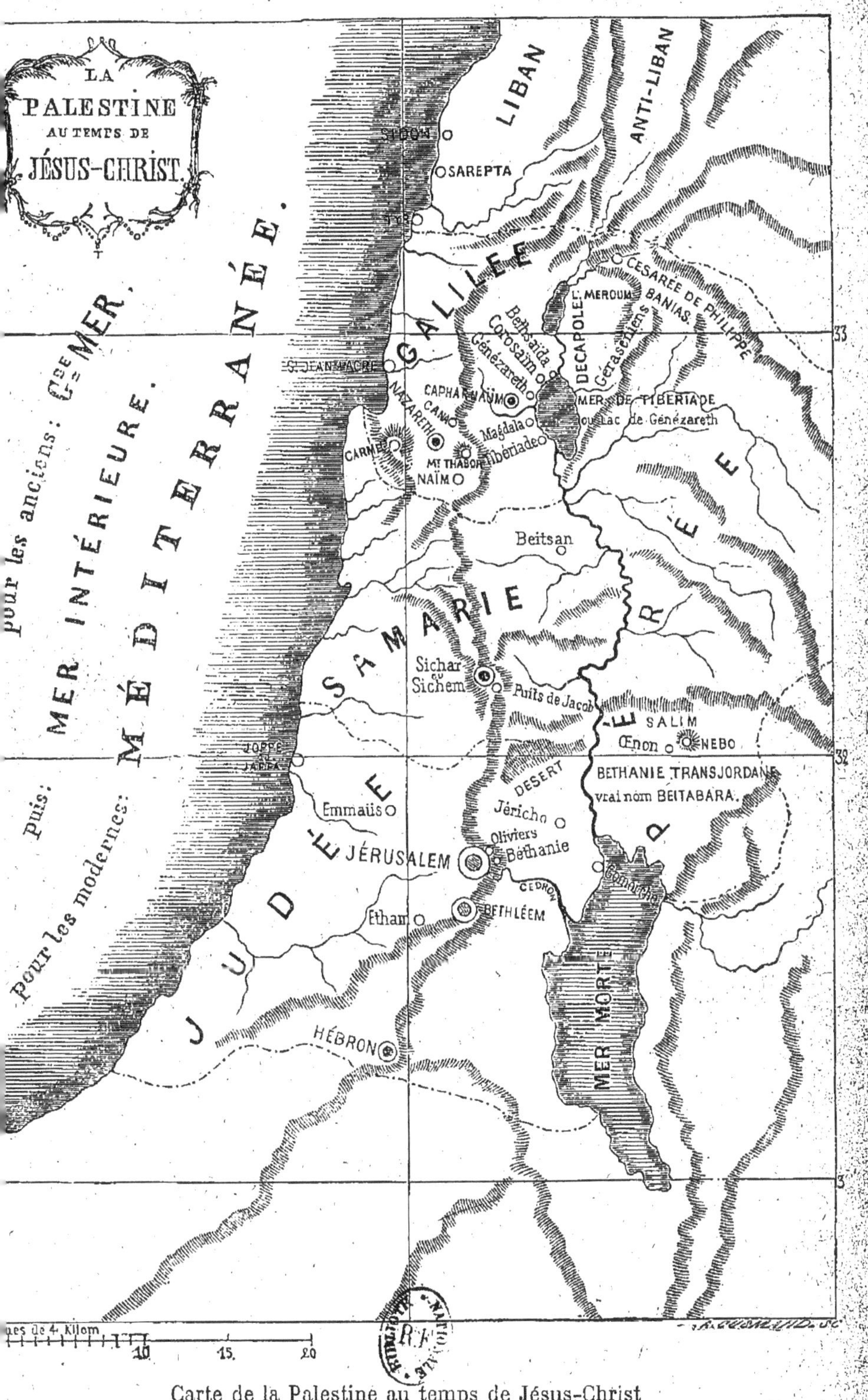

Carte de la Palestine au temps de Jésus-Christ

UN VOYAGE IMPRÉVU

EN PALESTINE ET AUX LIEUX-SAINTS

PAR

G. FÉLIX

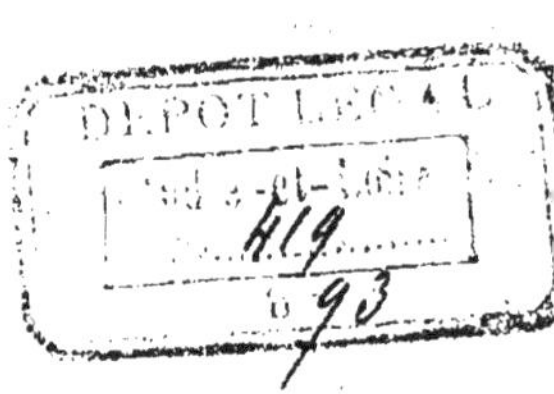

TOURS

ALFRED CATTIER, ÉDITEUR

—

1893

A MON CHER NEVEU

GEORGES

PRÉFACE

Le nouveau livre que nous offrons aujourd'hui à la jeunesse n'est qu'un travail de compilation. Les grands voyageurs en Orient, et notamment B. Poujoulat et Mgr Mislin, ont fourni tous les matériaux. L'auteur s'est contenté de grouper ces extraits dans le cadre d'un récit de voyage, pour lequel il a suivi, en partie, l'itinéraire tracé par Mgr Mislin.

Nous espérons que, sous cette forme et mise ainsi à leur portée, la description des lieux sacrés où se sont pas passées les grandes scènes de notre Rédemption sera favorablement accueillie par les enfants chrétiens.

UN VOYAGE IMPRÉVU

CHAPITRE PREMIER

DANS LEQUEL ON PRÉSENTE AU LECTEUR QUATRE VOYAGEURS QUI NE SAVENT OU ILS VONT

— Tu n'as pas dormi ?

— Non, j'ai mieux aimé regarder.

— Regarder quoi ? On ne voit rien, la nuit.

— Beaucoup plus que tu ne le supposes : la lune donne encore et jette sur le pays que nous traversons une incomparable poésie.

— Rêveur !

— C'est toi qui rêves... tout à l'heure tu parlais tout haut, en dormant.

— Qu'ai-je dit ?

— Des phrases à peine intelligibles, des mots sans suite. Tu paraissais sous l'impression pénible du départ.

— Le fait est, Charles, qu'une pareille aventure n'est jamais arrivée que dans le pays des rêves, et des mauvais rêves encore !

— Il n'y a pas, me semble-t-il, de quoi se désespérer, nous partons avec les hirondelles.

— Les hirondelles savent où elles vont, elles... Il faut être original, comme l'est notre cher oncle, pour dire à des enfants de douze à quinze ans — car à cet âge on est encore des enfants, n'est-ce pas? — « Profitez de vos vacances pour faire un voyage, un grand voyage ; allez où vous voudrez, mais partez. Voici des billets de banque en suffisance pour vous permettre d'aller en Amérique, si le cœur vous en dit ; et, quant au reste, tirez-vous du temps. A votre âge, j'étais mousse et je filais toutes les mers. »

Il eût fallu réfléchir pendant quelques jours à cette étrange proposition, mais non..... on fait les malles, on court à la gare. L'Express d'Orient s'ébranle, notre oncle crie : « Quatre places ! » nous montons précipitamment en wagon ; un coup de sifflet, et nous voilà partis, sans savoir, — ce que sait tout homme qui part — le but de notre voyage.

— Eh ! qu'importe, pourvu que nous allions quelque part. Vois-tu, Georges, nous ne savons encore rien ou presque rien, et j'espère très sincèrement que ce voyage nous apprendra beaucoup de choses.

— Encore faudrait-il savoir où nous allons.

— Nous ne l'ignorerons pas longtemps puisque nous sommes libres de choisir notre route.

— Si, du moins, nous avions eu le temps d'élaborer, de discuter d'avance un plan de voyage. Il me paraît, du reste, que nous ne pouvons songer à aller bien loin avec Alfred et Maurice.

— Pourquoi pas? Ils sont forts et courageux.

— Et confiants. Regarde donc comme ils dorment sans s'inquiéter de rien.

— C'est qu'ils comptent sur notre savoir-faire.

— Ainsi tu n'as pas idée de ce que nous allons devenir; de quel côté nous voulons diriger nos pas?

— Si, Georges, rassure-toi. Nous irons là où il y a à apprendre, à s'instruire; où nous rencontrerons un autre peuple que celui de Paris, d'autres mœurs, d'autres contrées, une autre végétation, un autre horizon. En un mot, nous irons là où nous ne sommes jamais allés.

Georges resta pensif, et tous deux gardèrent le silence.

Charles et Georges Daville avaient quartorze et quinze ans. Orphelins, sans famille, presque sans ressource, leur oncle, M. Daville, dont la fortune était considérable, s'était chargé de leur éducation. Les jeunes gens, placés par lui au collège des RR. PP. Jésuites, à Dôle, ne lui avaient jusqu'alors procuré que de la satisfaction.

Georges était son préféré. Déjà ambitieux de gloire, intelligent, cœur généreux, d'un courage à toute épreuve, grand travailleur, possédant une merveilleuse facilité pour tout apprendre et tout s'assimiler, toujours premier, bon camarade, mais ne permettant à personne de le supplanter : tel était au moral Georges Daville, prédestiné, semblait-il, à devenir un héros pour peu que les circonstances veuillent bien le servir. Il dessinait bien, montait admirablement bien à cheval, nageait comme un poisson et ne se laissait jamais devancer ni à la course, ni au jeu, ni aux exercices de tir ou de gymnastique. Causeur infatigable — ce qui est un grand défaut quand on a quatorze ans, — il n'en était pas moins le favori de ses maîtres et la coqueluche de ses camarades.

En toute autre circonstance, l'étrangeté de sa situation actuelle l'eût enchanté, mais la façon sommaire dont son oncle avait disposé de sa personne et de celle de ses amis l'avait agacé. Il ne déridait pas : sa bonne humeur n'était pas revenue, et il se sentait une envie démesurée de faire de l'opposition à son frère Charles, qui, d'un an plus âgé, était comme lui bon nageur, bon tireur, bon marcheur, mais plus que lui avait le caractère souple, doux, serviable, prudent. Sa physionomie aimable, ses yeux bleus, au regard à la fois franc et timide, ses cheveux blonds, son teint un peu pâle, contrastaient singulièrement avec l'air robuste et la figure animée de Georges.

Ces deux frères semblaient se compléter l'un par l'autre : Charles, plus réfléchi, se rendait mieux compte des difficultés ; Georges, plus ardent, savait mieux les vaincre. Charles aimait les études

littéraires, l'histoire, la poésie : une page de Lamar
tine ou de Chateaubriand le ravissait. Il désirait
voyager, non pour rapporter de ses courses des
pierres ou des fossiles, mais pour voir des horizons nouveaux, pour jouir en amateur enthousiaste
des beautés de la création.

Les études de Georges étaient plus positives : la
physique, la chimie, l'histoire naturelle sous toutes
ses formes, la géographie surtout, lui eussent fait
aisément négliger le grec et le latin.

Alfred et Maurice, parents de M. Daville par leur
mère, étaient deux bons petits Fribourgeois de
onze et douze ans, qui, en vrais Suisses, avaient
escaladé plus de montagnes que n'en avaient vu
jusqu'alors leurs grands cousins. Réunis chaque
année, pendant les vacances d'automne, chez leur
oncle commun, ils prenaient part à toutes les excur-
sions de leurs aînés. Mais, à leurs yeux, rien ne
valait la Suisse. De la race des grimpeurs, la
plaine leur brûlait les pieds, et, tout en suivant
leurs cousins dans les sentiers battus, ils regret-
taient les neiges de la Yungfran et l'ascension du
mont Blanc.

CHAPITRE II

DANS LEQUEL CHARLES DAVILLE EST ÉLU CHEF DE L'EXPÉDITION A LA MAJORITÉ DES VOIX

Alfred, qui ne dormait que d'un œil, n'avait rien perdu du dialogue échangé entre Charles et Georges. Le mécontentement de ce dernier lui paraissait injuste, la confiance de Charles le rassurait. Il pressentait bien, d'ailleurs, que les soucis du voyage ne seraient ni pour lui, ni pour Maurice, et, comme il tenait à exprimer sur-le-champ son opinion, il fit un effort pour s'éveiller tout à fait et se mêler à la conversation.

— A toute réunion d'hommes, dit-il sans préambule, il faut un chef, et je propose que Charles soit reconnu comme tel. C'est lui qui dirigera l'expédition, nous lui obéirons tous.

— Je ne demande pas mieux, répondit Charles sans hésiter ; j'accepte la situation et, avec elle, toute la responsabilité qu'elle impose, mais je veux être élu à l'unanimité des voix. Éveille Maurice afin qu'il donne son avis.

Alfred prit aussitôt, entre le pouce et l'index, l'oreille droite de son frère et tira tant qu'il put : « A l'urne, Monsieur ! Le Président de la République a besoin de ton suffrage, viens lui donner ta voix ! »

Maurice, réveillé en sursaut, ne comprit rien, bien entendu, à tout ce charabia : « Je n'ai pas l'âge de voter, » répondit-il d'un air ahuri, et il s'enfonça plus avant dans son coin.

— Laisse-le tranquille, dit Georges, nous pouvons faire la majorité sans lui. Je vote pour Charles.

— Moi aussi.

— A une condition cependant, reprit Georges.

— Laquelle? demanda Charles très vivement.

— Je veux savoir où tu nous conduiras?

— A mon avis, le plus sage est de visiter sommairement Constantinople, puisqu'on nous y envoie, et de reprendre ensuite le chemin de fer, le plus vite possible, afin de retourner d'où nous sommes venus.

— Non certes !

— Tu ne veux pas retourner à Paris, Charles, mais alors que comptes-tu faire ?

— Attendre quarante-huit heures avant de prendre une détermination. Je ne doute pas qu'après ce temps de réflexion et de repos nous ne voyagions bientôt en plein Orient ; aussi je vous propose, mes amis, de porter un toast à notre heureux voyage. Il commence d'une façon un peu singulière, mais avec des compagnons comme vous il a mille chances de bien finir.

Cette fois, Maurice avait entendu, il ouvrit deux grands yeux, et, sans trop savoir pourquoi, s'associa à la gaîté générale. Tous quatre trinquèrent avec entrain, et les provisions de bouche, que Charles avait tirés de sa valise, disparurent rapidement. Le fumet du bordeaux acheva de rasséréner les fronts. Georges, Alfred et Maurice relevèrent le col de leurs pardessus, et, se blotissant de nouveau dans les coins, reprirent le sommeil interrompu.

Charles seul continua de veiller. La situation lui paraissait moins rassurante qu'il n'avait feint de le croire devant ses compagnons. A quinze ans, se trouver le guide et le protecteur de trois enfants, et cela en pays inconnu, étranger, sans relations aucunes, sans connaissance de la langue, ce n'était certes pas réjouissant. Le plus sage, comme l'avait conseillé Georges, eût été de retourner sur ses pas le plus vite possible ; mais Charles connaissait son frère, et il savait que, le premier moment de mauvaise humeur passé, il serait le premier à regretter cette décision. Et l'oncle, que dirait-il ? N'y aurait-il pas là de quoi le mécontenter, l'irriter ? Or cet oncle, si original, si précipité, si terrible parfois, aimait sincèrement ses neveux, et Charles craignait de lui faire de la peine.

Pourquoi d'ailleurs ne pas faire l'un de ces beaux voyages en Orient, si instructifs, si intéressants, qui ont attiré tant d'illustres voyageurs ? Une occasion unique se présentait, ne serait-ce pas folie que de n'en pas profiter ?

— Le sort en est jeté, dit-il avec énergie, nous voyagerons ! mais où faut-il aller ?

Charles se rapprocha de la lampe qui éclairait le coupé, et se mit à élaborer des plans de voyage. Mais il avait beau consulter ses cartes, étudier l'horaire, lire son *Guide*, il ne parvenait pas à se fixer.

Enfin, après vingt projets faits, défaits, refaits, il s'en tint aux deux suivants, qu'il laisserait au choix de ses compagnons de route :

1° Les voyageurs s'arrêteraient quelques jours à Constantinople, puis gagneraient la mer de Marmara, descendraient l'Archipel jusqu'à Smyrne, et, après avoir visité la ville élevée par Alexandre à la mémoire d'Homère, étudieraient les rivages chantés par le grand poète. La Grèce antique, avec ses souvenirs et ses gloires, serait minutieusement explorée ;

2° Ou bien, arrivée à Smyrne, la petite caravane se dirigerait vers la terre sainte, et y ferait le pieux pèlerinage que notre excellent Charles désirait tout bas.

Satisfait de son travail, le jeune homme s'étendit alors sur la banquette et attendit, dans un sommeil agité, le lever du jour.

CHAPITRE III

OU IL EST DÉMONTRÉ QU'A CONSTANTINOPLE UN INCENDIE

EST TOUJOURS UNE BONNE AFFAIRE

Dès que l'aube parut, trois questions simultanées tirèrent de son repos le pauvre Charles :

— Charles, où allons-nous ?

— Capitaine, où vas-tu nous conduire ?

— Monsieur le président, voudriez-vous nous dire ce que vous comptez faire de vos administrés ?

Personne n'entendit la réponse.

Le soleil à ce moment s'emparait du paysage et inondait d'ardents reflets le Bosphore et la ville de Constantinople. Aux yeux des voyageurs émerveillés s'offrait un assemblage féerique de maisons peintes, de minarets ciselés, de coupoles dorées, entremêlés de palais, de platanes, de galeries mauresques, de kiosques, de mosquées sans nombre, de terrasses, de tours. Le Bosphore, comme un fleuve majestueux, serpentait entre les collines couvertes d'arbres gigantesques et les jeunes gens, muets d'émotion, ne pouvaient se rassasier de ce spectacle, le plus beau qu'il soit donné à l'homme de contempler en ce monde.

— Nous arrivons, dit enfin Maurice.

Le train s'arrêtait en effet, et les jeunes gens, revenus aux embarras matériels, durent s'occuper activement de leurs bagages. Quand ils furent parvenus à les retirer, ils quittèrent la gare et tombèrent au milieu de portefaix malpropres et de chiens vagabonds qui criaient, aboyaient, se battaient, se mordaient — hommes et chiens — et faillirent, plus d'une fois, les renverser, eux et leurs malles.

Ils sortirent de cette affreuse mêlée pour monter dans une mauvaise voiture chargée de les conduire à l'*Hôtel d'Europe*.

Hélas ! le trajet à travers la ville devait suffire pour les désenchanter.

— Pouah ! dit Alfred au bout d'un moment, c'est la Constantinople ? Quelles vilaines gens que ces Turcs ! Et ces horribles chiens qui errent dans les rues, est-ce qu'ils n'ont pas de maîtres?.. et ces rues, sont-elles donc toutes escarpées, mal pavées, tortueuses comme celles que nous traversons ?

— Mon cher ami, dit Charles en souriant, tu subis à un haut degré l'impression qu'ont éprouvée tous les voyageurs à Constantinople. La beauté de cette

ville vue de loin jette dans le ravissement, et, vue
de près, sa laideur repousse. Tout ce qui est
l'œuvre de la nature sur le Bosphore est admirable,
et tout ce qui a été fait par la main des hommes
est mesquin et de mauvais goût.

Le jeune Mentor fut interrompu par cette exclamation de terreur : — Ah! mon Dieu, qu'est-ce
cela ? s'écriait Alfred, du feu ! du feu !

— C'est un vaste incendie, répondit Georges. Et
s'adressant au cocher, qui s'était flatté de savoir
le français et qui, du reste, ne donnait pas un regard
à la sinistre lueur :

— Dites donc, mon brave homme, ne voyez-vous
pas cet incendie ?

Le cocher haussa les épaules : — C'est tous les
jours comme ça !

—Comment, tous les jours ?

— J'exagère, c'est toutes les semaines que je
devrais dire. On ne reste pas huit jours à Constantinople sans voir au moins deux incendies. Les
maisons sont en bois et brûlent comme des allu-
mettes : il n'en disparaît jamais moins de deux
cents du même coup.

— Mais c'est affreux !

— Pas tant que cela, puisque tout le monde y
gagne ; à part toutefois les locataires et les voyageurs, qui s'en plaignent quelque peu.

— Voilà qui me semble fort extraordinaire !

—Le calcul est cependant très simple : les propriétaires font payer d'énormes loyers à cause des incendies prévus, si bien que ces maisons en bois rapportent douze pour cent, et que le prix des loyers paye les maisons en cinq ou six ans. La durée moyenne de ces habitations étant de six à huit ans, les propriétaires ont la chance de faire de gros bénéfices, si le feu les respecte plus longtemps. Vous ne vous figurez pas, mon petit Monsieur, combien de personnes ont à gagner à un incendie. D'abord les pachas et autres fonctionnaires qui ont le monopole du bois, puis des milliers d'ouvriers et de portefaix: les moucres, les désœuvrés, les voleurs...

Pendant cette explication, donnée avec le plus grand flegme, les jeunes gens n'avaient pas un instant détourné leurs regards de l'immense brasier. Une expression d'angoisse s'était peinte sur leurs physionomies.

— Quel pays! disait Alfred, oh! n'y restons pas longtemps.

Le détour d'une rue ne tarda pas à leur dérober la vue du sinistre. Seul, le ciel empourpré leur révélait encore la présence de l'élément destructeur.

Dès six heures du soir, nos amis, installés à l'*Hôtel d'Europe*, réclamèrent deux chambres contiguës et s'étendirent avec délices dans des lits immobiles. Ils ne tardèrent pas à oublier, dans un sommeil paisible, les soucis de leur situation.

Tout alla bien jusqu'à quatre heures du matin.

Vue de Constantinople.

A ce moment, un orage éclate et tire sans pitié de leur repos Charles et Georges. Pour Alfred et Maurice, les trompettes du jugement dernier ne les eussent pas réveillés.

Le bruit du tonnerre, que répétaient les gorges du Bosphore, avait des éclats d'une incomparable solennité. Nos deux éveillés jouissaient de cette voix tout à la fois majestueuse et terrible de la nature, quand cette impression fut troublée par les piteux hurlements des chiens. Couchés dans la rue et brusquement dérangés par une pluie torrentielle, ils protestaient par des cris lamentables. Les hôtes de l'*Hôtel d'Europe* faillirent être inondés de la même manière. Il pleuvait dans toutes les chambres ; mais, comme les gouttières ne tombaient pas précisément sur les lits, ils se contentèrent de soupirer, en constatant que les maisons n'étaient pas mieux garanties contre l'eau que contre le feu.

A sept heures du matin, tout le monde était debout, gai, dispos, lavé, rafraîchi.

La prière et le déjeuner se succédèrent rapidement. On parlait peu, on mangeait bien, on attendait que Charles voulût enfin exposer ses projets.

Mais il gardait un silence obstiné.

— Qu'allons-nous faire ? demanda Georges avec une certaine impatience.

— Visiter Constantinople.

— Et après ?

— Après ! vous verrez ; avez-vous confiance en moi, oui ou non ?

— Oui, oui ! crient deux voix.

— Et toi, Georges ?

— Oui, mais pas une confiance si aveugle que je ne désire savoir où nous irons.

— Je te promets que je m'expliquerai à temps, cela doit te suffire.

Georges ne répondit pas : les airs mystérieux de son frère l'irritaient.

— Si vous le voulez bien, reprit Charles, nous visiterons aujourd'hui la grande mosquée de Sainte-Sophie, la Sublime Porte, les cimetières, les sept tours, la montagne des géants, les...

— Assez, assez ! Abrège, s'il te plaît ; je veux revoir le Bosphore, et, pour le reste, je m'en moque. Nous ne voulons pas hiverner ici, je suppose.

— Soit. Nous avons vu en arrivant cet incomparable détroit ; rien ne nous empêche de le parcourir.

Tout le monde ayant accepté cette proposition, on se fit conduire à Galata, le grand faubourg de Constantinople. C'est le quartier du commerce, des bateliers, des cafés, des marchands de toutes sortes.

Lorsqu'il s'agit de s'embarquer, Georges voulait, à tout prix, monter un caïque. Ces embarcations, longues et étroites, si fort en usage dans les mers

Une Mosquée à Constantinople

du Levant, l'attiraient, mais ses prudents compagnons lui persuadèrent de monter avec eux sur un bateau à vapeur.

Entre la *Corne d'Or*, le plus beau port du monde, et les deux branches du Bosphore qui vont à la mer Noire et à la mer de Marmara, les petits Parisiens admirèrent à loisir les trois villes immenses qui bordent ces mers, Péra, Stamboul et Scutari. Des milliers de vaisseaux, de barques et de caïques couraient dans le port, se croisaient entre les rives de l'Europe et de l'Asie, tandis qu'une population variée, aux costumes étranges et bizarres, animait ces rivages enchantés.

Nos voyageurs saluèrent, en passant, d'anciens châteaux du moyen âge, des anses d'une merveilleuse beauté, des cimetières toujours ombragés de cyprès, les eaux douces de l'Asie, avec leurs kiosques et leurs vertes pelouses.

La lune se levait et donnait au Bosphore une beauté plus mélancolique et plus douce, quand les quatre navigateurs rentrèrent au port.

CHAPITRE IV

Charles, deux jours plus tard, debout au milieu de ses frères, les bras croisés, l'air passablement solennel, leur exposait enfin les deux projets dont nous avons parlé.

— Bravo, bravo! crièrent les enfants quand il eut fini; à Jérusalem, à Jérusalem!

— Vous préférez la terre sainte à la Grèce antique?

— Eh oui! sans doute; avant d'être poètes, nous sommes chrétiens; avant d'avoir traduit et admiré Homère, nous avons aimé et adoré Jésus-Christ.

— Bien parlé, mes amis! Et maintenant que Dieu nous-aide pour mener ce projet à bonne fin!

Georges, cette fois, s'était déridé; il paraissait aussi heureux qu'autrefois, les croisés allant à la conquête du tombeau du Christ.

— Quand partons-nous ? demanda-t-il, le premier moment d'effusion passé.

— Si personne ne s'y oppose, nous nous embarquerons ce soir. J'ai retenu quatre places à bord du *Cérès*.

Hélas ! oui, on partit le soir, et les voyageurs ne purent même pas s'incliner en passant et donner, à travers les ombres d'une nuit profonde, un regard d'intérêt à ces pays diversement illustres : Chalcédoine, Nicodémie, Nicée.

Favorisée par le courant et par le vent du nord, l'embarcation avançait rapidement dans la mer de Marmara, filant dix nœuds à l'heure. Quand le temps est clair, on voit presque toujours les deux rives de la mer de Marmara ; mais l'obscurité était absolue, et les enfants, désolés de ne rien distinguer, s'étaient endormis. Ils s'éveillèrent au lever du jour, à l'entrée du détroit des Dardanelles.

— Voici, s'écria gaiement Charles, voici l'Hellespont, si souvent chanté par les poètes ! Ici les souvenirs classiques se présentent en foule, et je vois passer devant mes yeux toute une procession de vieilles figures : les Argonautes, Xerxès Alexandre. Et puis, la plaine de Troie, le mont Ida, la Scamandre, Achille, Hector, Énée, Virgile et Homère... Regardez là, sur le rivage, les *tumulus* élevés aux mânes des héros d'Ilion.

Les jeunes gens suivirent la direction de son doigt, émerveillés de tant d'érudition, mais le bateau filait toujours, et bientôt d'autres rives attirèrent leur attention.

La plupart des passagers embarqués à Constantinople avaient presque tous Beyrouth pour destination ; quelques-uns seulement devaient descendre à Smyrne. Parmi eux, on comptait divers fonctionnaires et des Turcs de tout calibre.

Ce ne fut qu'à la tombée de la nuit qu'on arriva dans le golfe de Smyrne, cette magnifique avenue de la capitale de l'Ionie. La pleine lune, qui se levait majestueusement derrière les montagnes de l'Éolide, ne tarda pas à éclairer ce site, l'un des plus ravissants de la terre, mais pas un Turc ne se souleva de dessus son tapis pour le contempler.

A dix heures, mille lumières, qui se multipliaient dans le miroir des eaux, annoncèrent l'approche de Smyrne, et bientôt après l'ancre fut jetée dans la rade.

Comme il fallait changer de bateau pour continuer le voyage, la plupart des passagers, sans vouloir descendre à terre, se rendirent à bord du *Stamboul*, qui devait les conduire à Beyrouth ; mais les quatre jeunes gens voulurent absolument visiter la ville tant de fois célèbre. Le capitaine se rendit gracieusement à leur désir, et dès le grand matin un canot fut mis à leur disposition.

Ici, comme à Constantinople, il y eut désenchantement : des rues étroites et tortueuses, des passages obscurs, des maisons en bois, des fenêtres

grillées, des ânes, des chiens, des chapelles sépul-
crales, des cimetières étranges couverts d'une forêt
de hauts cyprès plantés sans ordre et sans symé-
trie.

La population qui circule dans cette espèce de
labyrinthe appartient à tous les peuples du monde :
Turcs, Grecs, Arméniens, Juifs, Européens.

Charles et sa troupe se promenaient sans mot
dire et presque attristés dans cette cité la plus
belle et la plus joyeuse de l'Orient; ils ne compre-
naient guère comment on a pu la comparer à Paris
ou à Marseille, si ce n'est à cause de son immense
commerce.

— Dis-moi, Charles, interrogea Maurice, rom-
pant ainsi le silence prolongé, la ville de Smyrne
ne fut-elle pas des premières à posséder une petite
colonie de chrétiens?

— Sans doute, l'Église de Smyrne est l'une des
sept dont parle l'Apocalypse. Saint Polycarpe, disciple de saint Jean, en fut le premier évêque, et
c'est dans cette ville qu'il souffrit le martyre.
Arrêté par Hérode, il fut conduit dans sa ville épis-
copale, monté sur un âne. Le proconsul, au milieu
d'une multitude de païens et de Juifs, l'attendait
dans l'amphithéâtre.

— Jure par la fortune de César, dit le proconsul,
et je te renverrai; dis des injures au Christ !

Polycarpe répondit :

— Il y a quatre-vingt-six ans que je le sers, il

ne m'a jamais fait de mal. Comment pourrais-je dire des injures à mon Roi qui m'a sauvé ?

— Je te ferai jeter aux bêtes, si tu ne changes de sentiments !

— Faites-les venir ! répondit Polycarpe.

— Si tu méprises les bêtes, je te ferai consumer par le feu !

— Que tardez-vous ? s'écria le vieillard.

— Que Polycarpe soit brûlé vif ! hurla le peuple.

Le feu fut mis au bûcher : les flammes se déployèrent autour de la tête du martyr, et un parfum d'encens se répandit dans l'amphithéâtre ; mais les flammes respectèrent le saint évêque ; ce fut un bourreau, armé d'un poignard, qui vint lui percer le cœur.

Si vous le voulez, ajouta le petit narrateur, nous irons voir l'emplacement de l'amphithéâtre et le lieu où les fidèles déposèrent les restes vénérés du martyr.

Mais la nuit allait venir. Les enfants qui, pour écouter ce récit, s'étaient assis au pied d'un cyprès, à l'entrée du cimetière, voyaient l'ombre s'étendre peu à peu sur les tombeaux. La fraîcheur du soir se faisait sentir, un vent léger agitait les rameaux de l'arbre funèbre, et les jeunes gens, vivement impressionnés, croyaient entendre des soupirs vagues, des gémissements douloureux.

— J'ai peur, dit Maurice en se serrant contre son frère, avez-vous entendu ces cris lugubres ?

— C'est une chouette, l'oiseau de la mort et l'hôte habituel des cimetières turcs.

— Venez, dit Georges, nous n'avons que le temps de regagner le port. Le *Stamboul* part à sept heures.

A peine furent-ils installés à bord qu'on donna le signal du départ.

C'est à la lueur des étoiles qu'ils saluèrent les ruines d'Éphèse, de cette ville célèbre par la prédication de saint Paul et par le souvenir de saint Jean l'Évangéliste, qui y vécut longtemps et y mourut.

A cette heure pleine de mystères, la vue de l'île de Pathmos transporta leurs âmes dans les régions du divin. Pas une parole ne tombait de leurs lèvres ; peut-être chacun d'eux répétait-il dans son cœur une ligne, un mot de l'Apocalypse !

— Voyez-vous cette grotte au bord de la mer, dit tout à coup l'un des passagers, c'est là que le disciple bien-aimé a vécu dans l'exil.

Les jeunes voyageurs se découvrirent avec piété ; mais, bientôt après, la nuit se fit profonde ; l'heure était avancée, et les plus glorieux souvenirs ne furent plus capables d'arracher au sommeil ces têtes de quinze ans.

CHAPITRE V

QUI TEND A PROUVER QUE LES PLUS COURAGEUX PEUVENT

AVOIR PEUR EN CERTAINES CIRCONSTANCES

Georges, monté de grand matin sur le pont, ne fut pas peu surpris de se trouver au milieu d'une enceinte de vieilles murailles, de créneaux, de batteries de canons, de hautes tours.

Il consulte ses cartes, fouille son dictionnaire géographique, et tout à coup s'écrie : — J'ai trouvé !

Aussitôt, il court aux cabines, réveille sans pitié ses petits camarades :

— Levez-vous, levez-vous vite, nous allons descendre à terre !

— Pourquoi cela, sais-tu où nous sommes ?

— Dans le port de Rhodes.

— Ah ! oui, je sais... les religieux-soldats ; mais il n'y en a plus.

— Non certes, il n'y en a plus, depuis trois siècles, mais je veux voir en détail le pays qu'ils ont habité.

Les quatre voyageurs, quelques minutes plus tard, flânaient, selon leur coutume depuis qu'ils visitaient les villes de l'Orient, dans des rues étroites et obscures. Mais la vieille cité avait un cachet spécial d'intérêt et de vétusté. Des ruines, des voûtes, d'immenses boulets en pierre, des canons sans affûts, des fenêtres en ogives, des croix, des armoiries rappelant les plus nobles familles de l'Europe, des fleurs de lis, des inscriptions latines et jusqu'au monogramme des Jésuites, tout se retrouve dans cet ancien boulevard de la foi et de la civilisation, comme au jour où le grand maître de l'Ordre de Saint-Jean-de-Jérusalem, Villers de l'Isle-Adam, y soutint, de 1522 à 1523, un siège resté fameux. Soliman II, le plus célèbre des sultans ottomans, s'empara de l'île, et depuis pas une pierre n'a été remuée : la ville de Rhodes est le plus intéressant musée du moyen âge.

Le fort de Saint-Nicolas, la rue des Chevaliers, l'église de Saint-Jean, le palais du Grand Maître furent explorés avec soin. On s'aventurait sans guide et sans inquiétude dans les mille détours de la cité.

Parfois un vieux Turc regardait passer les jeunes Européens d'un air mécontent, comme s'il eût voulu les empêcher d'aller plus loin, mais Georges était intrépide.

— Et dire, répétait-il, que si ces vaillants chevaliers étaient encore ici, je voudrais passer ma vie au milieu d'eux et défendre dans leurs rangs la noble bannière de la croix.

Ce bel enthousiasme tomba devant une petite question de Maurice :

— Pourquoi donc ces gens qui passent ont-ils des bottes qui montent jusqu'au-dessus des genoux ? Cette chaussure paraît étrange dans ce pays !

— Ne sais-tu pas, expliqua Charles, que l'île de Rhodes est infestée par des reptiles de toutes sortes ? les Grecs ne l'avaient-ils pas appelée *Ophiusa*, l'île des serpents ?

— Hé ! que ne le disais-tu plus tôt, s'écria Georges, voilà qui diminue singulièrement mon admiration !

— Viens toujours. Nous avons encore à voir l'emplacement du fameux colosse.

— Grand merci ! Moi, j'ai peur des serpents. Du reste, j'ai demandé à un Turc où se trouvait cet emplacement : il m'en a désigné deux ou trois, ajoutant qu'on n'est plus fixé à cet égard.

Le même jour, les enfants quittaient Rhodes, et faisaient voile vers l'île de Chypre.

Charles avait pris des allures de capitaine de vaisseau, Georges étudiait beaucoup ses cartes, Alfred et Maurice regardaient vaguement la mer, mais les quatre enfants ne se quittaient guère. Ils formaient, au milieu d'un nombre assez considérable de passagers, une petite colonie qui ne savait trop à qui se fier.

Deux messieurs seulement parlaient à bord un français correct. Ils avaient très grand air, et nos petits jeunes gens n'osèrent pas s'en approcher. Plus tard cependant, ils regrettèrent leur timidité exagérée quand ils apprirent que c'était un consul français et son secrétaire qui se rendaient à Chypre, envoyés par leur gouvernement.

Quelques heures à peine furent passées dans l'île. Charles, tout en se promenant, raconta à ses compagnons comment saint Paul et saint Barnabé avaient été les premiers à y prêcher Jésus-Christ, et comment au moyen âge les rois de Chypre furent longtemps les défenseurs de la chrétienté contre les musulmans.

A quatre heures du matin, en entendant jeter l'ancre, Georges se hâta de remonter sur le pont: on arrivait à Beyrouth.

Assise sur une berge peu élevée, cette ville s'avance au milieu des flots avec ses tours en ruines et ses murailles crénelées, derniers restes de l'occupation des Sarrasins.

Des maisons en terrasses s'élèvent un peu au-dessus des massifs de verdure qui garnissent toute la colline.

Beyrouth est bâtie sur l'emplacement de l'ancienne Béryte, dont on fait remonter l'origine au cinquième fils de Chanaan. Dans la suite des temps, elle atteignit un haut degré de splendeur.

Actuellement, elle est entre les mains des Turcs,

et c'est, après Smyrne, la place de commerce la plus importante de toute la côte de Syrie.

Charles et Georges, suivis d'Alfred et Maurice qui traînaient l'aile, traversèrent les principales rues de Beyrouth qu'ils trouvèrent, comme à Constantinople et à Smyrne, sales, tortueuses, sombres et voûtées. Un population, variée par la couleur, le costume, le langage; se presse sur les quais ; aux abords de la ville, les bazars sont voisins des maisons des consuls, sur lesquelles flottent les pavillons des principales nations de l'Europe.

Des hommes noirs et demi-nus se disputent les voyageurs et leurs bagages, et les portent sur leurs épaules, du quai jusque dans de petits canots que les lames de la mer menacent de briser les uns contre les autres. Partout des Arabes, assis à l'ombre sous des portiques, sous des échoppes, sous des toiles, tendues d'un côté de la rue à l'autre, fument leur narguilé à deux branches et demeurent en extase au roucoulement de la fumée enivrante.

Maurice les regardait avec envie.

— Courez tant que vous voudrez, dit-il tout à coup, la chaleur m'accable, et je ne puis faire un pas de plus. Ces Arabes me paraissent les plus heureuses gens du monde, ils sont si tranquilles ! Ce genre de vie me sourit, en ce moment, et, si j'avais une longue pipe, je fumerais comme eux et me reposerais, en tout cas.

— Nous ne pouvons nous arrêter ici. Ne vois-tu

pas cette longue file de chameaux qui s'avance de ce côté ; hâtons-nous, au contraire, de prendre une autre direction.

— Qu'est-ce que c'est que ce grand diable qui se balance sur l'une de ces montures ?

— Ce doit être un Bédouin du désert.

— Qu'est-ce qui te le fait supposer ?

— Son costume sévère, qui contraste avec la veste de damas, toute chamarrée d'ornements, dont se revêtent les Moucres du Liban.

— En voilà un, je crois. Il chasse ses mules devant lui ; entendez-vous ses cris stridents ? Quel singulier vêtement, on le dirait couvert d'hiéroglyphes !

— Savez-vous que le costume oriental, si ample et de couleurs si vives, serait très majestueux s'il était propre ?

— Chacun son goût, protesta Georges. Ces larges pantalons, ces tuniques, ces manteaux, ces immenses turbans, ces ceintures posées l'une sur l'autre et dont les longs replis tombent jusqu'à terre ou flottent au gré des vents, ne me conviendraient pas du tout. A mon avis, ce costume ne peut être porté que par un peuple lent, paresseux, qui vit couché sur des divans. Ces gens-là se traînent plutôt qu'ils ne marchent, ils ont horreur du mouvement. J'ai vu que, même en voyage, ils ne se séparent jamais de leur tapis, de leurs coussins, de leurs matelas et de leurs pipes. Que ferions-nous là dedans, nous autres, qui ne pouvons tenir en place ?

— Regardez, s'écria Maurice, ces deux hommes, là-bas, au fond de la rue, avec cette espèce de blouse sans manches, rayée noir et blanc, et ces souliers rouges relevés en pointes.

— Ce sont des Druses, affirma Georges, j'ai lu récemment, dans le *Voyage en Syrie*, la description de leur costume.

Tout en causant, la petite caravane marchait, et Maurice lui-même, malgré ses protestations, s'efforçait de suivre ses camarades. Ils avaient décidé d'aller à quelque distance de la ville, voir, au bord de la mer, l'endroit que l'on désigne comme étant celui où saint Georges a délivré la fille du roi en tuant le dragon qui désolait ces contrées.

Comme il s'agissait de son patron, Georges, très ardent, avait pris la tête de la troupe. Ils se dirigeaient vers l'est quand, tout à coup, ils s'arrêtèrent tous quatre, pris de peur, en face de trois spectres qui s'avançaient de leur côté d'un pas lent, hésitant.

Le pas des morts qui sortent de leur tombe ! se dirent nos trembleurs parisiens, et, prenant leurs jambes à leur cou, ils s'enfuirent dans la direction opposée. Néanmoins, au bout de quelques minutes, Georges s'arrêta en se disant qu'il était un grand niais, et que, pas plus à Beyrouth qu'à Paris, les fantômes ne se promènent dans les rues en plein midi.

Sans hésiter, honteux de ce premier mouvement de terreur, il revient sur ses pas et se trouve bientôt auprès de l'apparition. En y regardant de plus près, il vit qu'il avait affaire à trois femmes turques, qui, paraît-il, s'affublent de cette façon pour aller se promener.

— Eh bien! elles sont jolies, les femmes dans ce pays! pensa-t-il; tout à l'heure j'en ai rencontré d'autres qui portent sur le haut de la tête un tube en cuivre d'un demi-mètre, et n'ont qu'un souci, le tenir en équilibre; plus loin, c'était une jeune fille dont le bonnet soutenait de longues chaînes garnies de pièces d'or qui lui couvraient toutes les épaules. J'ai grande envie de leur demander à quel journal de modes elles sont abonnées, ces belles dames?

Pendant que Georges faisait ces réflexions, nos trois fugitifs, sans se retourner et sans se douter un instant qu'il ne les suivait plus, avaient rapidement gagné l'une des petites collines qui séparent la ville des faubourgs. Jugeant qu'ils étaient là hors de danger, ils s'assirent à terre pour se reposer à l'ombre d'un palmier et contempler à loisir les nepals, les mûriers, les oliviers, les sycomores, les caroubiers, les orangers, qui garnissaient le penchant de la colline.

Leur plaisir fut de courte durée.

— Où donc est Georges? se demandèrent-ils au bout d'un instant.

— Il a dû voir de quel côté nous nous dirigions,

répondit Alfred ; il ne tardera pas sans doute à nous rejoindre.

Mais dix minutes, une demi-heure se passèrent, personne ne venait. L'inquiétude fut bientôt à son comble, et les enfants, perdant la tête, imaginaient les aventures les plus extravagantes. Ils faisaient vingt projets de recherches, tous plus irréalisables les uns que les autres.

— Que chacun de nous parte dans une direction opposée, disait Alfred, et que, dans une heure, quelle qu'ait été l'issue de nos recherches, nous nous retrouvions tous ici.

— Non, s'écria Charles. Après avoir retrouvé Georges, ce sera l'un de nous qui sera perdu à son tour, si nous nous séparons encore. Il faut, au contraire, refaire ensemble le chemin que nous avons parcouru ; peut-être réussirons-nous ainsi à découvrir mon frère. Surtout pas de lamentations, pas de larmes : silence et en marche.

Au fond, Charles était plus consterné, plus inquiet encore que ses camarades. Ils s'avançaient tous trois d'un pas rapide, parcourant du regard chaque rue qu'ils rencontraient, hasardant çà et là un appel. Mais ils ne voyaient rien, personne ne leur répondait. Plus le temps s'écoulait, plus la fatigue augmentait et plus leur marche se faisait fiévreuse.

A bout de force, n'en pouvant plus, Maurice subitement s'affaissa sur le sol.

— Allez, dit-il, cherchez sans moi. Je ne puis plus poser le pied par terre ; je vous attendrai ici.

— Impossible, dit Charles, que deviendrais-tu seul, au milieu de la nuit, dans cette ville inconnue? Il commence à faire sombre, nous ne pourrons plus chercher longtemps. Autant vaut nous réunir tous, sous ce portique, et y attendre le jour.

— Et Georges !... mon Dieu, mon Dieu! soupira Maurice.

— Il faut prier pour lui, répondit Charles d'une voix sombre.

Et les trois enfants, les yeux pleins de larmes, murmurèrent ensemble une courte, mais fervente prière.

Le sommeil ne tarda pas à dominer l'inquiétude, et nos amis, sans se douter des dangers qu'ils pouvaient courir, s'endormirent sous l'œil de Dieu.

Georges, après avoir examiné les spectres, satisfait de sa découverte, voulut rejoindre ses camarades, mais ils étaient hors de sa portée, et, malgré la rapidité de sa course, il ne parvint plus à les voir. Il courut longtemps du côté du nord, puis, n'apercevant rien, il changea brusquement de direction et enfila à gauche une rue étroite et sombre dans laquelle il se perdit si complètement qu'il faisait nuit noire quand il réussit à en sortir.

— Ils seront peut-être retournés au port, se dit-il. Et, faisant un effort suprême sans se soucier de ses chaussures déchirées et de ses pieds en sang, il se dirigea vers les quais.

A mesure qu'il approchait, il sentait redoubler ses craintes : si ses amis n'étaient pas là, que fallait-il faire, où les chercher, que devenir ?

La nuit, sans doute, était déjà fort avancée, car un silence solennel régnait dans le port. Des tentes, élevées çà et là, abritaient quelques dormeurs ; mais Georges jugea inutile de pénétrer dans aucune, pour essayer d'y découvrir ses camarades. Ne voyant personne, il s'agenouilla sur le rivage et, cet enfant, si vaillant d'ordinaire, vaincu par l'inquiétude, se mit à pleurer de tout son cœur.

Un palmier étendait, tout près de là, ses branches protectrices ; Georges, en proie à une agitation fébrile, en fit plusieurs fois le tour, jusqu'à ce qu'enfin, tombant de fatigue, il s'endormit d'un lourd sommeil.

CHAPITRE VI

Tout reposait dans la nature. Beyrouth, la plus belle ville de la côte de Syrie, mollement couchée sur la plus délicieuse colline, ressemblait, selon l'expression orientale, « à une charmante sultane accoudée sur un coussin vert et regardant les flots dans sa rêveuse indolence ». Couronnée de ses arceaux, de ses flèches, de ses ogives, de ses terrasses, de ses ruines mauresques, de ses murailles crénelées, de ses minarets, de ses dômes de pins élevés, réfléchis par la plus belle des mers, Beyrouth, en cette heure de calme et de silence, paraissait plus admirable encore que lorsqu'elle est inondée de la lumière du midi.

Cependant, le temps passait. Au petit jour, Georges rouvrit les yeux, et, avant que le souvenir de sa peine lui fût revenu, il les arrêta, émerveillés, sur les cimes gigantesques du Liban. Sur chacune de leurs crêtes s'élève un village, un couvent, une église : c'est le côté de Tripoli ; de l'autre, vers Saïda, on voit des mûriers, des maisons de campagne et le désert de sable rouge. Ici, la nature s'est plue à rassembler, sur un petit espace, tout ce qu'elle a de beau, de grand, de gracieux, de terrible. Au couchant, une mer immense ; à côté, le désert ; plus loin, une vallée riante ; plus loin encore, des collines couvertes d'habitations, et, tout au fond du tableau, des montagnes blanches qui se perdent dans les nues.

Sous ce ciel de Syrie, à cette heure matinale, le Liban apparaissait à Georges comme à travers un cristal coloré de rose, de violet. Cette ravissante et indéfinissable couleur n'était pas uniforme : elle semblait plus vive au sommet des rochers, plus dense dans l'enfoncement des vallées, plus douce sur le penchant des coteaux. Georges croyait pouvoir toucher de la main les couvents maronites qui couronnent ces cimes aériennes. Les moindres détails, les plus fines découpures de ces montagnes se montraient à son œil ravi avec leurs teintes délicates et leurs formes gracieuses. Partout l'harmonie, la variété, la pureté, la splendeur, qui élèvent l'âme et la frappent d'étonnement et d'admiration.

— Ah ! murmura Georges dominé par ce spectacle sublime, je comprends pourquoi la sainte

Écriture fait si souvent mention du Liban, pourquoi les prophètes y ont puisé leurs plus magnifiques images, pourquoi on compare toujours la sainte Vierge à ces montagnes d'une solennité et d'une blancheur éternelles.

Mais, soudain, une angoisse lui remonte au cœur. Avec l'entier réveil est revenu le sentiment de la cruelle réalité :

— Où sont-ils, mon Dieu, où sont-ils? prononça-t-il à haute voix, en joignant convulsivement les mains.

— Ici! crièrent à la fois trois voix émues et joyeuses.

Nos jeunes amis n'avaient guère dormi dans leur lit improvisé, mais ils avaient beaucoup réfléchi, et, comme toujours, la nuit avait porté conseil. Dès les premières lueurs du jour, ils s'étaient remis en route vers le port, se disant, avec raison, que c'était là qu'ils avaient le plus de chance de rencontrer leur camarade.

Le premier moment de joie passé, les aventures de la nuit racontées de part et d'autre, ils tinrent une grave séance.

— Notre situation devient difficile, disait Charles, et nos inquiétudes de la nuit dernière doivent nous rendre prudents. Jusqu'à présent nous avons voyagé comme des étourdis, et il est providentiel qu'il ne nous soit arrivé rien de plus fâcheux. Il me vient des terreurs rétrospectives quand je songe que nous nous sommes mis en route sans guide, sans armes, sans interprète, nous contentant de nos dictionnaires, de nos cartes et de la langue universelle des signes. Or, vous l'avez éprouvé comme moi, elle n'est pas toujours comprise. A mon avis, il est sage de nous procurer sans retard un guide et, si possible, un interprète.

— Fort bien, répondit Georges, mais avant tout il serait bon, je crois, de fixer l'itinéraire de notre voyage. Bien des chemins conduisent de Beyrouth à Jérusalem. La voie de la mer est la plus courte ; si j'en crois mon *Voyage en Syrie*, on met à peine deux jours de Beyrouth à Jaffa, mais nous ne verrons rien de cet intéressant rivage que les lignes grisâtres des montagnes de la Judée. A mon avis, nous ferions mieux de longer toute la côte par terre. Avec de robustes muletiers et des armes en bon état, nous serons assez nombreux pour n'avoir pas à nous inquiéter des récits alarmants qu'on nous a faits sur le peu de sûreté de ces routes.

— Mais il faudra marcher beaucoup, dit Maurice, et je crains d'avoir de nouveau mal aux pieds.

— N'aie pas peur, répondit Alfred, nos mules nous porteront, et nous ne serons pas fatigués du tout.

— Pas d'illusion, s'écria Georges. Il y aura des fatigues, mais elles ne seront pas excessives, et les jouissances nous les feront aisément oublier. Qu'en dis-tu, Charles ?

— Je partage ton avis. De Beyrouth au mont

Carmel les étapes sont indiquées par les villes de
Saïda, Sour et Saint-Jean-d'Acre : donc, quatre jours
avant d'arriver à la sainte montagne. La proposition de Georges est mise aux voix.

— Acceptée à l'unanimité !

— Dans ce cas, profitons de notre journée pour
faire nos préparatifs de voyage. Nous avons de
grosses emplettes à faire, si nous ne voulons pas
en route être pris au dépourvu.

— J'ai remarqué, à l'entrée du port, fit obser-
ver Alfred, un magasin tenu par un Français. Il
s'y trouve toute espèce de choses, et je crois que
nous pourrons nous y approvisionner de ce qui
nous est nécessaire.

— Excepté des moucs et des mules qu'il ne faut
pas oublier.

— Sois tranquille, ce sera notre première affaire
aujourd'hui.

— Quand nous aurons prié et remercié Dieu, dit
Charles.

Et les quatre enfants, à genoux sur le rivage,
récitèrent pieusement le *Pater* et l'*Ave*.

Puis leurs yeux étonnés s'arrêtèrent de nouveau
sur les cimes du Liban, qui peu à peu se couvraient
de nuages.

— Des nuages, des nuages ! s'écria Alfred en
frappant dans ses mains, il y a si longtemps que
nous n'en avons pas vu !

En effet, un ciel d'une inaltérable sérénité avait,

depuis Constantinople, éclairé leur voyage. La monotonie du beau temps perpétuel commençait à se faire sentir, et les jolis nuages blancs qui couraient le long des montagnes faisaient tressaillir d'aise le petit garçon.

CHAPITRE VII

DANS LEQUEL ON EXPLIQUE COMMENT LES NUAGES

MODIFIÈRENT L'ITINÉRAIRE DES VOYAGEURS

En ce monde, il faut parfois moins qu'un nuage
pour amener de graves événements, et l'histoire
nous fournit une foule d'exemples tendant à prouver cette vérité ; les causes les plus futiles ont
provoqué les plus terribles guerres, et les révolutions des peuples n'ont eu souvent d'autres motifs
qu'un mouvement de mauvaise humeur. A force de
regarder les petites nuées blanches qui se promenaient sur les cimes, il prit à nos amis fantaisie
d'aller se promener avec elles. Ces montagnes
qui courent du nord au sud, sur un espace de
trente lieues, et présentent des aspects d'une variété
infinie, fascinaient les regards d'Alfred et de Maurice. Ils exprimèrent si vivement le désir d'en gravir les chaînes escarpées, que Charles et Georges
se laissèrent convaincre.

Ces préparatifs terminés, nos voyageurs montèrent sur une barque arabe qui, en moins de trois heures, les déposa dans la baie de Djouni. Ils étaient au pied du Liban et foulaient une terre qui leur était chère par les souvenirs bibliques, et où tout, cependant, était nouveau pour eux. Les monticules suspendus sur leurs têtes étaient surmontés de villages, de couvents, d'églises : ils se trouvaient au milieu des Maronites. Le soir était venu ; les jeunes gens prenaient leur repos à la clarté des étoiles ; la mer mugissait devant eux, et les maisons s'éclairaient peu à peu sur les premières collines du Liban, quand tout à coup les cloches se mirent, de toutes parts, à sonner l'*Angelus*. Ces sons religieux et solennels descendaient des montagnes comme des voix célestes, invitant à la prière, et les voyageurs éprouvèrent d'une manière très vive une impression pieuse, dont ils n'avaient pas jusqu'alors deviné la puissance. Ils se sentaient heureux de se retrouver au milieu d'un peuple de frères, les fidèles et catholiques Maronites ; heureux de respirer de nouveau cette atmosphère chrétienne qui va si bien à l'âme, parce qu'elle lui prépare et lui rappelle de douces jouissances : vie de paix, de consolation et de bonheur, qui consacre à Dieu tous les moments du jour et toutes les pulsations du cœur.

Le lendemain, les voyageurs montèrent sur des mulets qu'on leur avait amenés et, vers huit heures, commencèrent l'ascension. Pour la première fois, ils firent connaissance avec la manière de chevaucher dans ce pays. La selle qu'on met sur le dos des mulets est plutôt un bât rembourré auquel les muletiers attachent des sachets d'avoine et de provision qui les renflent encore considérablement ; ils les jettent par dessus les couvertures qui leur servent de lit pendant la nuit, et ils recouvrent le tout avec le tapis du voyageur. Tout cela est attaché, tant bien que mal, avec des cordes noueuses, et présente, quand on veut monter dessus, une plate-forme rugueuse et inabordable. Les jeunes gens se laissèrent hucher sur les mulets, mais il leur fut impossible d'enfourcher la selle et les accessoires, et, pendant tout le trajet, ils souffrirent de véritables tortures. Tous les efforts qu'ils firent pour trouver une manière commode de se tenir en équilibre furent inutiles ; ils étaient tantôt de travers, tantôt avec une jambe de chaque côté du cou des pauvres mulets qu'ils serraient parfois à les étouffer. Il n'y avait pas d'étriers ; au lieu de cela, on donna à chacun un bout de chaîne qui, attaché autour du museau, servait de guides et fut, plus d'une fois, l'ancre de salut.

Au bout de quelque temps, Georges, qui n'avait cessé de faire des efforts pour prendre position, dit à ses voisins :

— Je commence à comprendre comment il est possible de se tenir sur ces selles pour les montées;

mais ce sont les descentes que je ne comprends pas encore.

— Cela viendra, dit Alfred philosophiquement. Il suffit pour le moment que nous puissions faire l'ascension.

On ne s'étonnera pas si, occupés comme ils l'étaient de soins plus pressants, les cavaliers furent quelque temps sans faire grande attention au paysage qui se déroulait autour d'eux, et à la vue admirable de la mer et de la côte qu'ils avaient à leurs pieds. Du fond des vallées au sommet des collines, on ne voit que des terrasses qui ont à peine une toise de largeur et qui sont soutenues par des murs. Tout cela est planté de mûriers nains, d'oliviers, de figuiers ; à chaque pas, il faut admirer l'activité et l'intelligence d'un peuple qui a su rendre fertiles des montagnes escarpées et rocailleuses comme il y en a peu dans le monde. La principale ressource de cette contrée, c'est la culture du ver à soie, et les voyageurs avaient déjà admiré, dans les bazars de Beyrouth, les magnifiques tissus, éclatants d'or et de soie, fabriqués dans le village de Djouni.

De temps en temps se rencontraient d'immenses caroubiers et des napals épineux, mais le chemin devenait de plus en plus mauvais : c'était un affreux sentier pierreux, glissant, qui montait des côtes escarpées, comme les avalanches en descendent, par la ligne la plus droite.

Vers midi, les voyageurs arrivèrent à *Ghosta*, lieu de leur station, et allèrent camper sur la hauteur, à l'ombre de quelques arbres, non loin d'une ancienne église et en face de la mer.

Ils venaient de s'installer, regardant à quelque distance, sur le flanc des monts, des Maronites qui cultivaient la terre, avec le fusil en bandoulière. Un des paysans aperçut Georges qui s'était avancé de leur côté et lui cria :

— *Inté Francis? inté Inglis ?* (es-tu Français? es-tu Anglais?) — Français, cria Georges de toute la force de ses poumons. Aussitôt les Maronites descendirent en courant auprès des jeunes gens, les appelèrent leurs frères et, les prenant par la main, les conduisirent dans leur maison qui était voisine. Là, ils offrirent aux voyageurs de partager leur repas. Ceux-ci, que l'aventure intéressait beaucoup, ne se firent pas prier et se mirent à table, c'est-à-dire qu'ils s'assirent par terre et qu'on étendit une nappe sur le plancher ; on jeta par dessus, devant chaque convive, des galettes très minces : c'était le pain. On mit au milieu de la nappe un petit tabouret, haut d'un pied environ, et surmonté d'une planche ronde : c'était la table. Le plat de résistance vint ensuite : c'était un salmigondis de viande hachée, de riz, d'oignons, de tomates, assaisonné de poivre et d'ail. Comme il n'y avait ni cuillers, ni couteaux, ni fourchettes, il fallut manger avec les doigts. Georges, qui avait fait à Constantinople un commencement d'apprentissage, accepta de se servir le premier. Il prit une poignée de l'étrange ragoût, plus un peu de sauce entre les deux premiers doigts de la main et le pouce, et fort adroitement porta le tout à la bouche, à l'aide d'un petit morceau de galette. Ses camarades, malgré leur bonne volonté et leurs louables efforts pour rester sérieux, ne pouvaient s'empêcher de rire ; mais il ne s'agissait pas de rire longtemps : on n'avait pas déjeuné et l'on se sentait plus que de l'appétit. Peu à peu, ils firent tous comme Georges, et leurs hôtes leur tinrent bonne compagnie. On leur servit ensuite de petits morceaux de mouton, salés et rôtis sur des brochettes, qu'ils trouvèrent fort de leur goût. Enfin, un peu de vin, qui leur parut excellent, arrosa très agréablement ce dîner inattendu.

Quand arriva l'heure de se quitter, les bons Maronites et les jeunes Français étaient déjà tendrement unis, et ceux-ci se disaient qu'on ne connaît, qu'on n'aime pas assez, en Europe, les catholiques du Liban.

— Savez-vous, dit Charles à ses compagnons, savez-vous comment ces braves gens cultivent leurs montagnes, comment ils sont parvenus à transformer en brillants jardins des rochers nus qu'on croyait inaccessibles ? Ils ont transporté, ils transportent tous les jours sur leurs épaules de la terre végétale en des lieux arides. Il n'y a pas dans le Liban, un seul point cultivable que le Maronite n'ait rendu productif. De belles et fortes murailles, construites en gradins d'amphithéâtre, retiennent la terre sur le penchant des monts. Là croissent tous les fruits connus, et les Maronites seraient riches si on ne les écrasait d'impôts. Quelle délicieuse chose à voir que ces vallons couverts de figuiers, d'orangers, de citronniers, de noyers, d'amandiers et de vignes, de pruniers et de pêchers, de poiriers et d'abricotiers, de champs de blé, de chanvre et d'oliviers ! L'art agricole ne saurait être poussé plus loin. Les Maronites ont tout deviné.

C'est à ce peuple brave, intelligent et actif que les Druses, ces autres habitants du Liban, cruels et païens, ont voué une haine implacable. De tout temps, on a vu ces deux peuples vivre en perpétuelle défiance, et en 1860 les Maronites furent affreusement massacrés par leurs ennemis, les Druses, avec la complicité des Turcs. Dix-sept mille chrétiens périrent, cinq cent soixante églises et soixante-dix écoles ou couvents furent détruits, près de quatre cents villages livrés aux flammes. La France, alliée séculaire et protectrice des Maronites, s'émut de tant d'horreur : six mille Français allèrent châtier les Druses, occupèrent le Liban pendant plusieurs mois, et y ramenèrent l'ordre et le calme.

Tout en devisant ainsi, les jeunes gens s'étaient

remis en marche ; il était temps, car le jour baissait rapidement. Accoutumés aux longs crépuscules de nos climats du Nord, ce n'était pas la première fois qu'ils se laissaient surprendre par la nuit dans les pays orientaux ; l'obscurité et le chemin devenu à peu près impraticable les obligèrent bientôt à planter leur tente sous un grand chêne où ils prirent quelques heures d'un paisible repos.

Éveillés dès la pointe du jour, ils se remirent en marche et atteignirent le plus haut sommet des montagnes. Ce sont des crêtes de rochers nus, crevassés, travaillés par le temps et les orages de la manière la plus étrange. Parfois, on croit se trouver au milieu des ruines d'une ville immense, dont on voit encore les restes distincts, des tours, des colonnades et l'enceinte de murs imprenables ; il y a jusqu'à des tables d'une forme gigantesque et proportionnée au grandiose de cet admirable tableau. Dans plus d'un lieu, comme si la nature avait voulu se jouer des travaux des hommes, il y a des lacs, des îles, des ponts, des cascades, des cannelures, des bassins, comme on en fait dans nos jardins romantiques, quand on veut réunir mille objets d'une manière bizarre, dans un étroit espace ; seulement les eaux du lac, l'écume des cascades, les îles, les arbustes, ont été métamorphosés en pierre.

Sur ces sommités du Liban, tout est âpre et aigu ; les arbustes sont armés de pointes, et les rochers d'échancrures tranchantes ; on dirait que chaque goutte de pluie a été un torrent continuel, qui a rongé la dureté de la pierre et y a laissé une éternelle empreinte.

En sortant d'un étroit défilé les voyageurs aperçurent, près du village de Miruba, quelques pins, sur le bord d'une délicieuse fontaine : de l'eau et de l'ombre, c'est tout ce qu'il fallait à leur bonheur dans une pareille contrée. Ils s'assirent en chantant, heureux de réparer leurs forces dont ils avaient plus que jamais besoin pour continuer leur ascension et arriver enfin aux *cèdres du Liban* qu'ils étaient venus chercher.

CHAPITRE VIII

LES CÈDRES

Depuis le matin, les voyageurs n'avaient fait que monter et descendre des côtes rudes et arides par des sentiers étroits qui serpentent perpétuellement entre des précipices, et qui, dans les Alpes, seraient abandonnés aux chasseurs de chamois. Ces montagnes escarpées, ces vallées profondes où il n'y a d'autre bruit que le mugissement des flots, d'autres habitants que les aigles et les bêtes fauves, étaient dignes de servir de théâtre à leur course aventureuse. Vingt fois nos amis avaient risqué de se casser le cou, quand, enfin, ils arrivèrent, à la nuit tombante, au couvent de Saint-Georges à Kartha, non loin duquel ils dressèrent leurs tentes. Ils se trouvaient là au milieu d'une contrée fertile, fort bien cultivée. Dans le Liban, comme en tant d'autres lieux, ce sont les moines qui ont commencé à

défricher les terres, qui ont introduit les meilleures
méthodes de culture et qui ont donné l'exemple de
la patience et de l'activité.

Les jeunes gens ne pouvaient se lasser d'admirer
les figuiers et les oliviers qui, dans cette partie du
Liban, prennent la forme et la grandeur des plus
beaux arbres.

— Quels beaux raisins, s'écria Maurice en dési-
gnant une vigne voisine, voyez, les grains atteignent
la grosseur des noix et des prunes !

— Ils sont superbes, en effet, répondit Georges,
mais ces énormes grains restent durs ; les grains
plus petits sont les meilleurs ; je ne sais si vous
avez remarqué que plusieurs espèces sont sans
nucules.

— Voyez ces grappes qui font ployer les ceps ;
quelques-unes ont très certainement un demi-mètre
de longueur.

Ils étaient là tous quatre, dévorant des yeux les
fruits magnifiques, mais n'osant y toucher, quand
le propriétaire de la vigne s'avança vers eux et,
avec la bonté simple et gracieuse des Maronites,
leur en offrit plusieurs grappes. Les enfants témoignèrent très vivement leur plaisir et leur reconnaissance et s'endormirent sous leurs tentes, non
sans avoir longtemps discuté de la grappe de rai-
sin, suspendue à une perche, que deux hommes
avaient rapportée jadis du pays de Chanaan.

Mais, le lendemain, il leur fallut traverser de

nouveau des lieux d'une extrême aridité, et, néanmoins, ils virent une quantité de troupeaux de moutons et de chèvres, des vaches, des chameaux qui paissaient tous sur ces rochers où l'œil n'aperçoit que de rares bruyères. Parfois ils rencontraient des vallons fertiles, où l'on cultive le maïs, le blé, quelque peu de pommes de terre, mais surtout la vigne et le mûrier ; puis ils parcoururent de vastes espaces semblables aux déserts fantastiques qu'ils avaient vus au-delà de Miruba.

Vers midi, ils rencontrèrent pour la première fois une tribu de Bédouins nomades, dont les tentes, couvertes d'une forte étoffe noire en poil de chameau, sont entourées d'une légère palissade en jonc ou en osier.

Cette rencontre pouvait n'être pas sans danger, car ces Arabes errent dans les déserts, comme les animaux qui cherchent leur proie. Soldats, brigands et bergers tout à la fois, ils sont toujours armés, soit qu'ils marchent, qu'ils dorment ou qu'ils soient en embuscade sur la pointe de quelque rocher : ils sont toujours prêts à attaquer pour piller et voler, ou à défendre leur vie contre leurs ennemis, et leurs troupeaux contre les bêtes féroces, mais ils n'attentent à la vie de leurs semblables que lorsque ceux-ci cherchent à leur résister.

Les petits voyageurs passèrent fièrement au milieu des chiens qui aboyaient et des enfants basanés et demi-nus qui accouraient sur leur passage. Les femmes les regardaient de loin, et les hommes auxquels ils demandèrent leur chemin le leur indiquèrent complaisamment. Ces Bédouins portaient le costume de l'Arabe, monté sur un chameau, qu'ils avaient aperçu de loin dans les rues de Beyrouth : comme coiffure, le keffié, mouchoir jaune et rouge, serré autour de la tête avec une corde de poil de chameau, et, comme vêtement, une robe et un large caleçon de couleur grise, par dessus un manteau de laine rayé blanc et noir. Les femmes portent une robe bleue retenue par une ceinture de cuir ; leur tête est couverte d'un mouchoir, et leurs cheveux sont ornés de pièces de monnaie et d'argent. Elles ont toutes la lèvre inférieure teinte en bleu, et quelques ornements de tatouage de la même couleur sur les joues ou sur le menton : elles vont toujours pieds nus.

Les chemins devenaient de plus en plus impraticables. Tout à coup Alfred, qui tenait la tête de la troupe, s'arrêta pour dire à ses compagnons :

— Bien que j'aie la plus grande confiance dans l'adresse de nos mules pour les services incontestables qu'elles nous ont déjà rendus, nous ne pouvons exiger d'elles l'impossible ; nous sommes engagés dans une pente tellement abrupte que, malgré notre habitude des montagnes, nous aurons assez de peine à nous tirer d'affaire, même en étant à pied. Je propose donc que nous descendions tous de nos montures et que nous fassions en glissant tant bien que mal le reste de notre course.

— Non, jamais! s'écria Georges, pour qui prends-tu nos bêtes? Elles ont le pied plus sûr que nous.

— Mais ne vois-tu pas que le chemin que nous devons suivre longe constamment un affreux précipice au-dessus duquel nous allons être littéralement suspendus, et que notre vie dépendra d'un seul faux pas de l'animal réputé le plus sot de tous.

— C'est une réputation surfaite! crièrent Charles et Maurice en guise de protestation. Nos mules sont de fameuses bêtes, et nous serons plus tranquilles sur leurs dos que sur nos jambes.

Il n'y avait qu'à se soumettre à si bonne raison; Alfred, comme les autres, se cramponna sur sa monture le mieux qu'il put, et tous quatre commencèrent à descendre par un sentier tel qu'ils n'en avaient jamais vu de plus périlleux dans les Alpes. « La pente est à pic. Le sentier n'a pas deux pieds de largeur; des précipices sans fond le bordent d'un côté, des murs de rocher de l'autre; le lit du sentier est pavé de roches roulantes, ou de pierres tellement polies par les eaux, par le fer des chevaux ou le pied des chameaux, que ces animaux sont obligés de chercher avec soin une place où poser leurs pieds. Comme ils le placent toujours au même endroit, ils ont fini par creuser dans la pierre des cavités où leur sabot s'emboîte à quelques pouces de profondeur, et ce n'est que grâce à ces cavités, qui offrent un point de résistance au fer du cheval, que cet animal peut se soutenir. De temps à autre, on trouve des degrés taillés aussi dans le roc, à deux pieds de hauteur, ou des blocs de granit arrondis qui seraient infranchissables, et qu'il faut contourner dans des interstices à peine aussi larges que les jambes de sa monture. »

La caravane s'avançait péniblement, lentement, descendant en silence une rampe d'escalier raide et tortueuse, comme il n'en existe pas dans les plus hautes tours de l'Europe. Chacun des voyageurs se sentait inquiet, et Alfred, dont les appréhensions allaient croissantes, voyait le moment où il ne lui resterait qu'à choisir soit à tomber à droite contre des roches hérissées d'aspérités, soit à gauche dans un précipice. Sa mule lui évita l'embarras du choix : rencontrant devant elle une marche de près d'un mètre de haut, elle fit un saut si brusque qu'elle jeta en avant le pauvre cavalier : il tomba la tête la première, sur les rochers qui garnissent le chemin.

Charles, Georges et Maurice poussèrent un cri d'effroi et, avec des peines infinies, risquant de se tuer à chaque mouvement, allèrent porter secours à leur camarade, qui restait immobile sur le sol, le visage voilé de sang. Ils le relevèrent avec précaution et, après avoir étanché le sang, constatèrent qu'heureusement il ne s'était fait d'autre mal que de se meurtrir horriblement la figure.

Cette chute rendit Alfred plus prudent encore; il multipliait les précautions, et, toutes les fois qu'il se présentait des pentes trop difficiles, ce qui arriva encore bien souvent, il préférait s'exposer aux plaisanteries de ses camarades et descendre à pied. Malgré cela, la caravane ne put prévenir tous les accidents, mais aucun ne fut grave, et elle arriva ainsi jusque dans le voisinage de Diman où les tentes furent dressées. Du haut d'une terrasse assez élevée, les voyageurs jouirent alors d'une vue qu'on ne peut décrire. Tout ce que la nature a de sublime, de sauvage et de saisissant se trouve réuni dans cet immense tableau, que colorait en cet instant un soleil torride. Les rayons de l'astre du jour allaient se perdre, en se réfléchissant mille fois sur l'arête des rochers, jusque dans les vallées les plus profondes. Mais ce qui absorba surtout l'attention des jeunes ascensionnistes, ce furent les cèdres : ils les aperçurent au-dessous de la vallée des Saints, la Kadischa. Ces arbres la dominent, comme les fleurs qui parent nos sanctuaires dominent et parfument les nefs de nos vieilles cathédrales. On les voit distinctement, quoiqu'il faille encore trois heures pour y aller. Vus de là, les cèdres apparaissent comme une touffe d'arbres placés sur un autel immense dont les plus hautes cimes du Liban forment le fond ;

souvent des nuages d'une blancheur éclatante s'élèvent de la profondeur des abîmes, comme des nuages d'encens vers les cieux. Au-dessous des cèdres, à mi-côte, on voit blanchir une source qui tombe des rochers en cascades nombreuses.

C'est dans les grottes, qu'on rencontre tout le long de la vallée, que vivaient autrefois les pieux anachorètes dont elle porte le nom. Aujourd'hui il y en a encore un grand nombre qui mènent une vie purement ascétique; c'est ainsi qu'à travers les siècles il y a eu continuité de prières dans ce temple le plus grand de l'univers, consacré par la voix de Dieu lui-même dès les premiers âges du monde. Jadis, les nombreux anachorètes de cette contrée célébraient tous la messe en même temps, et comme, d'après le rite des Maronites, on se sert d'encens pour les messes basses, on voyait chaque matin le nuage mystique s'élever de la vallée vers les cieux.

Le lendemain, après avoir passé par Hasrun, beau village presque entièrement caché sous les arbres les plus frais que les pèlerins eussent encore vus dans le Liban, ils atteignirent, sur la hauteur, le dernier hameau, Kafra, dont toutes les maisons sont entassées les unes sur les autres, et qui ressemblent à une forteresse. Une heure après ils étaient sous les cèdres.

En arrivant près de ces arbres, les plus célèbres

du monde, ils se découvrirent et gardèrent un instant le silence.

— Eh bien! dit enfin Georges d'un air désap-
pointé, qu'est-ce qu'il y a donc ici de si merveil-
leux ; ce sont des arbres, voilà tout.

— Nous ne sommes pas venus, que je sache, y
chercher autre chose, répliqua Charles ; ce que je
voulais voir, moi, c'étaient les restes de ces forêts
antiques que le Seigneur a fait naître dans le désert, qui ont servi à orner le palais de David, le
temple de Salomon, et qui ont trouvé place dans les
saints et harmonieux cantiques des prophètes.

— Charles a raison! s'écria Maurice, peu nous
importent la grandeur et le nombre de ces arbres;
nous voulions voir les cèdres de la Bible et les plus
hautes cimes du Liban. Je suppose que Georges,
pas plus que nous, ne s'attendait pas à trouver des
arbres qui allassent jusqu'aux cieux.

Georges ne répondit pas, mais il mit pied à terre
et entra aussitôt dans une petite chapelle bâtie au
milieu de la forêt : ce sont quatre murs, surmontés
d'une terrasse, dont les travées, avec leurs sup-
ports, ont le mérite, comme autrefois celles du temple
de Salomon, d'être toutes en bois de cèdre. Les
trois compagnons le suivirent, et tous ensemble
firent une petite prière, puis ils parcoururent, avec
le plus grand empressement, l'espace occupé par les
cèdres. Il serait difficile de dire tout ce qu'ils éprouvèrent de douces jouissances pendant les vingt-

quatre heures passées sous ces délicieux ombrages.

— Il n'y a pas au monde un autre site où les cèdres puissent mieux étaler toute leur magnificence! s'écria Charles; Dieu connaît les lieux qu'il choisit!

Tous les environs, en effet, sont complètement dénués de végétation; le plateau sur lequel les cèdres s'élèvent est entouré, vers l'Orient, par l'enceinte demi-circulaire des dernières cimes du Makmel, qui sont encore, en partie, couvertes de neige. Au couchant, le plateau se termine par des rochers à pic, qui descendent dans la vallée des Saints. A quelques centaines de toises au-dessous des cèdres, se trouve la source de Kadischa, qui tombe de ces rochers et forme le petit ruisseau qui serpente au fond des abîmes, et qui, à la fonte des neiges, devient le plus impétueux des torrents. Le plateau des cèdres est très accidenté, et ces arbres sont disséminés sur une dizaine de mamelons de manière à former une petite forêt fraîche et ombreuse, qu'une quantité d'oiseaux réjouissent de leurs chants. Tout cela est au-dessus des nuages dans des régions où toute autre végétation a cessé et sous le plus beau ciel du monde.

Les cèdres sont à six mille pieds au-dessus du niveau de la mer, et la cime de Makmel qui les abrite a huit mille huit cents pieds.

Après avoir admiré ces arbres majestueux dans

leur position et dans leur ensemble, nos amis se mirent à examiner chacun d'eux.

— Il n'est pas difficile, disait Georges, de reconnaître ces patriarches du monde végétal, ces contemporains des âges bibliques, échappés à la dévastation des hommes et des temps.

Et il se mit à compter. Il y en avait douze seulement, groupés sur deux monticules, cinq autour de la chapelle, et sept sur un monticule voisin. Il remarqua que plusieurs portent les traces de la foudre.

Pendant qu'il comptait, Alfred et Maurice mesuraient et poussaient des exclamations d'étonnement. Deux de ces arbres ont quarante pieds et demi de circonférence! Mais leur tronc n'est pas régulier; à quatre ou cinq pieds du sol, ils se divisent et forment comme des arbres séparés, qui jettent au loin leurs branches horizontales. Leur hauteur approximative peut être de soixante pieds.

Il y a là bien d'autres cèdres encore, mais ils sont évidemment beaucoup plus jeunes et appartiennent à différentes époques. La plupart sont de belle venue, aussi hauts que les vieux cèdres, mais leur diamètre ne dépasse pas celui de nos plus grands sapins. Néanmoins Georges voulut les compter aussi : il en trouva près de quatre cents, et il y en aurait bien plus encore si les chèvres ne venaient brouter les jeunes pousses, et les empêcher ainsi de se multiplier.

Pendant ce temps Charles ramassait une grande quantité de cônes de cèdres qu'il voulait rapporter à ses amis; ils sont plus grands que ceux de nos sapins et d'un bel ovale.

On fit ensuite tout le tour des cèdres, et Georges assura avoir lu que c'est le seul endroit du Liban où il en existe encore de cette espèce : *Abies cedrus*, le *Pinus cedrus* de Linné. Autrefois, ils devaient être très nombreux puisque, à Jérusalem seulement, sous le règne de Salomon, on voyait autant de cèdres qu'il y a de sycomores dans la campagne.

Le lendemain matin, les voyageurs, qui avaient passé la nuit sous les cèdres, furent réveillés de bonne heure par des mélodies religieuses qui paraissaient s'élever des flancs de la montagne. Ils se levèrent précipitamment et virent des foules compactes qui s'avançaient de leur côté. On était au 7 août, fête de la Transfiguration. Or, tous les ans, ce jour-là, le patriarche des Maronites, entouré de ses prêtres, vient faire un pèlerinage et célébrer la messe sous les cèdres. Les curés sont suivis de la population entière de leurs villages respectifs. « Le culte religieux ne saurait prendre des formes plus belles, plus poétiques, plus saisissantes, et qui entraînent plus invinciblement l'âme dans les cieux. Six mille Maronites, hommes jeunes, femmes, enfants, vieillards, s'avançaient processionnellement à travers des vallons profonds, des monts escarpés, chantant des cantiques répétés par tous les échos de la montagne. Ils arrivèrent enfin au pied de ces cèdres où, sur un autel, orné des fleurs des jardins, allait descendre bientôt du haut du ciel la Victime sainte, l'Agneau sans tache, le Roi de l'Univers. »

Nos amis, en proie à une indescriptible émotion, se mêlèrent à la foule, joignirent leurs prières à celles de ces frères inconnus, et assistèrent avec eux à l'auguste sacrifice. « Le long bruit de la brise à travers les branches des cèdres, bruit que la rêveuse imagination des Maronites transforme en une hymne sublime adressée à l'Éternel; les colombes qui soupirent sur les plus hautes cimes des grands arbres, où elles ont posé leurs nids ; le mugissement sourd des cascades écumantes qui de rochers en rochers se précipitent dans le fond des abîmes; toutes les harmonies de la terre, enfin, s'unissent aux saintes paroles du prêtre de Jésus-Christ. Les catholiques sont à genoux, le front courbé et les bras en croix. Quel recueillement! quelle gravité religieuse quel solennel spectacle! » Jamais les jeunes Français n'ont imaginé un peuple si pieux, si fervent, si plein d'une foi ardente. Ils ne peuvent se lasser de contempler ce spectacle religieux qu'il ne leur sera plus donné de revoir !

La cérémonie terminée, l'attention des jeunes gens fut attirée par les différents costumes que revêt habituellement le clergé. Ils remarquèrent que le patriarche porte une sorte de camisole à manches longues et étroites, et, par dessus, une robe assez ample, dont les pans se croisent par devant, et qui n'a que des demi-manches. Sa coiffure ressemble à l'ancien turban haut, renflé au milieu et tout d'une pièce. Le costume des prêtres est le même, il n'en diffère que par la couleur. Le bleu foncé est la couleur des prêtres, le violet celle des évêques, et le rouge celle du patriarche. L'habit des religieux est de couleur noire ; au lieu de turban, ils portent un capuchon. On donne aux évêques, comme au patriarche, le titre de sainteté, *Saïdna;* ils portent tous la croix et l'anneau, comme les évêques d'Occident.

On quitta les cèdres dans l'après-midi, en prenant le chemin qui conduit sur l'autre côté de la vallée et, au bout de trois heures, on arrivait à Eden, qui n'est guère qu'un gros village.

Un peu en avant d'Eden, sur la hauteur, nos amis jouirent d'une vue magnifique qui s'étend indéfiniment vers Tripoli et la mer.

Là, ils s'assirent et tinrent conseil. Georges proposait d'aller au couvent de Keshaja, mais ses compagnons hésitaient, car, bien que la distance ne soit que de dix kilomètres, c'est le plus périlleux des voyages.

Instruit par l'expérience, Alfred ne consentait à l'exécution qu'à la condition qu'on le ferait à pied.

— Tu as raison, dit Charles; c'est, du reste, le moyen le plus sûr de jouir des sites admirables que nous rencontrerons à chaque pas.

— Oui, oui! insista Maurice. Croyez-moi, mes amis, la plate-forme mouvante que forme le dos de nos mules nuit singulièrement à la beauté du paysage. Rien ne ralentit l'admiration comme la chance continuelle d'aller l'achever au fond d'un précipice.

Tout le monde étant du même avis, on descendit à pied. Après une marche d'une heure et demie, ils atteignirent l'ouverture d'une vallée affreusement sauvage. On y entre par un arc en pierre, surmonté d'une croix et jeté sur deux blocs de rochers, dignes portiques d'une demeure où ne retentissent jamais que les cris du chacal et la prière de l'anachorète. On descend alors, au milieu des débris amoncelés par les siècles et les tempêtes, sur la pente d'un ravin au fond duquel bondit le petit ruisseau appelé Abou-Ali.

Depuis une demi-heure les ascensionnistes suivaient le sentier tortueux de la vallée lorsqu'ils entendirent les cloches du couvent qui annonçaient la bénédiction.

Ils étaient arrivés à la principale maison de l'ordre de Saint-Antoine, qui compte, dans le Liban, un grand nombre de couvents. Un bon religieux vint leur ouvrir et leur offrit l'hospitalité. Sur leur demande, il les conduisit d'abord à l'église, qui n'est qu'une grande grotte fermée par un mur ; puis, il les installa dans de petites cellules, où les voyageurs furent bien heureux de passer la nuit.

Dès le matin, ils se mirent à inspecter le couvent qu'on disait suspendu dans les airs. Sa forme est extrêmement irrégulière : on a profité de toutes les excavations des rochers. Pour arriver à leurs chambres, les petits Français avaient dû monter et descendre plusieurs rampes d'escaliers taillés dans le roc, traverser des terrasses, suivre de longues galeries noires et humides. Partout ils entendirent le bruissement d'un ruisseau qui s'échappait entre les fentes de la montagne et les racines de quelques arbustes.

Du haut du couvent ils jouirent de la vue de la vallée : le blé, la vigne, l'olivier, le mûrier surtout y prospèrent et embellissent tous les coteaux. Les religieux partagent leur temps entre la prière et la culture de la terre.

— Que tout cela est beau ! s'écria Charles. Quand saint Antoine, ou l'un de ses disciples, vint fonder le monastère de Keshaja, cette vallée n'était pas assurément dans l'état prospère où elle se trouve aujourd'hui ; c'était un désert, et toute cette belle culture est due au travail infatigable de ces religieux ; ce sont eux qui ont embelli et fertilisé ces montagnes autrefois incultes et inhabitées.

La grotte des pénitents est à deux ou trois minutes. C'est là que se retiraient les religieux qui voulaient mener une vie plus sévère, et vivre séuls avec Dieu ; elle est arrosée par une source délicieuse dans laquelle les voyageurs s'amusèrent à mettre rafraîchir des fruits de toute espèce, et que le bon Frère cueillait aux arbres voisins pour les leur offrir. Des touffes d'aulnes, de saules, de peupliers au feuillage pâle, découpé, mobile, entremêlé à celui des figuiers, des lauriers, des citronniers, garantissaient des ardeurs du soleil ; des ceps de vigne chargés de fruits mûrs étendaient leurs branches jusqu'à l'entrée de la grotte.

— Qu'il ferait bon vivre ici ! s'écria Charles ; je comprends plus facilement la vie contemplative au milieu de cette belle nature : il doit être si doux d'arriver à Dieu par le chemin de la reconnaissance !

Les jeunes gens obtinrent ensuite la permission de parcourir les jardins qui s'élèvent en terrasses sur l'immense rocher contre lequel est attaché le couvent. Il leur fallut plusieurs heures pour parcourir les sombres labyrinthes de cet antique monastère.

— On prétend, dit leur guide, que saint Antoine est venu de l'Égypte dans ces déserts pour donner une règle à ses disciples, et qu'il y a habité une grotte profonde, celle-là même que je vous ai fait voir à l'entrée du couvent et qui porte son nom.

— Et voudriez-vous me dire encore, demanda Georges, qui habite les petits ermitages que nous voyons sur la colline opposée ?

— Dans ces petites cabanes enfoncées dans le roc, au sommet de cette autre montagne, vivent avec les aigles, ou plutôt avec les anges, de pieux ermites, dont deux sont prêtres; ils se nourrissent d'herbes et de prières, comme saint Paul et saint Antoine dans le Thébaïde. Les grosses croix de bois, que vous voyez çà et là plantées sur des pics élevés, indiquent leurs demeures : c'est là tout ce que le monde sait d'eux. Quelques pins leur donnent de l'ombre en été et un peu de bois en hiver ; une source, qui coule au bas des rochers, leur offre leur boisson de toute l'année : ils cultivent la vigne qui garnit leur coteau, mais le produit n'est pas pour eux, ils ne boivent jamais de vin. Une planche leur sert de lit ; une couverture, un livre, une croix, forment tout l'ameublement de leurs pauvres cellules.

— Eh quoi ! s'écria Georges enthousiasmé, voilà donc encore, quinze siècles après saint Antoine et saint Pacôme, les anachorètes avec leurs fontaines, leurs nattes, leurs déserts, leurs grottes, leurs travaux manuels, leur contemplation !

— Oui, mon enfant, reprit le religieux, il y a là des hommes qui vivent avec de l'eau et des racines, qui ne font de mal à personne, qui adorent Dieu et font pénitence pour ceux qui l'oublient.

Le lendemain, les voyageurs, ayant vu du Liban ce qu'ils désiraient voir, reprenaient le chemin de Diman pour, de là, retourner à Miruba, à Ghosta, et enfin à Djouni, où ils retrouvèrent une barque arabe, qui en peu d'heures les transporta à Beyrouth. Ils ne firent dans cette ville que la halte nécessaire pour réparer leurs forces, car ils avaient hâte de reprendre le chemin de Jérusalem.

CHAPITRE IX

DANS LEQUEL LES VOYAGEURS APPRENNENT A LEURS DÉPENS QUE LA VIE EST PLEINE DE DÉCEPTIONS VARIÉES.

— Vois-tu cette jolie ville qui borde l'horizon ; si je ne me trompe, nous en approchons rapidement.

— C'est heureux, car la chaleur m'étouffe : impossible de supporter encore une heure entière cette atmosphère de feu.

— Vous ne voyez rien, mes pauvres amis, soupira Georges, accablé lui-même par le soleil torride de ces contrées.

— A quoi songes-tu, Georges ; ne vois-tu pas toi-même ces maisons, ces clochers, ces forêts majestueuses ?

— Tout cela n'est rien, c'est le mirage !

— Le mirage ! Mais nous voyons tous cette belle nappe d'eau parsemée de petits îlots verdoyants, ces navires qui se bercent sur ces flots tranquilles.

Ah ! qu'il me tarde d'approcher, je meurs de soif.

— Croyez-moi, cette eau est fantastique, et cette forêt va s'évanouir. C'est un effet d'optique qui se manifeste dans les pays plats et unis, lorsque la plaine se prolonge jusqu'aux limites de l'horizon, de manière à recevoir dans toutes ses parties les vives ardeurs du soleil. Encore une fois, c'est le mirage ; n'espérez rien, mes amis, car il n'y a rien là-bas. Le désert que nous traversons est un désert en miniature, puisqu'il ne faut que trois heures pour le parcourir du nord au sud, mais c'est un véritable désert. Il a ses plantes salines, ses oasis, ses Bédouins, ses caravanes de chameaux et, hélas ! ses mirages aussi.

Les voyageurs, tristement déçus, écoutaient en silence les explications de leur frère. Une autre préoccupation, du reste, ne tarda pas à attirer ailleurs leur attention : les muletiers allaient, venaient, d'un air étrange, inquiet.

Tout à coup on les vit se coucher à terre, respirant à peine, et faisant aux voyageurs signe de les imiter.

Il y eut une seconde d'hésitation.

Mais ce ne fut qu'une seconde.

Une montagne de sable, soulevée par l'ouragan, s'avançait menaçante, déracinant les plantes et creusant le sol.

Combien de temps restèrent-ils ensevelis sous le sable mouvant ? Aucun d'eux ne put le dire, mais quand, le danger passé, ils se relevèrent enfin, le soleil disparaissait, inondant de ses derniers rayons l'immensité du désert.

D'un regard surpris, ils cherchèrent autour d'eux : les muletiers, les mules, les provisions, tout avait disparu.

— Nous sommes trompés, trahis, volés, s'écria Georges, en frappant violemment du pied le sol brûlant. Que sont devenus ces misérables?

Les enfants se regardaient consternés.

— Et l'argent? dit Charles en fouillant fiévreusement l'intérieur de son habit.

Son portefeuille était intact, c'était une consolation pour plus tard, mais pour le moment il ne lui servait de rien, et les abandonnés se demandaient ce qu'ils allaient devenir sans guides et sans provisions au milieu de ce désert.

Georges était furieux, Charles très grave. Alfred et Maurice se contentaient de penser qu'il y a de bien vilaines gens sous le ciel, et de faire des vœux pour que les gendarmes — si tant est qu'il y en eût dans ce drôle de pays — rattrapent les moucres le plus tôt possible et les mettent en prison.

— De quel côté faut-il diriger nos pas, dit Charles, nous pouvons errer des heures, des jours peut-être, avant d'arriver à destination.

— Ce n'est, je l'espère, pas tout à fait aussi grave que cela, dit Georges. A l'aide de la boussole, il nous sera aisé de nous diriger vers le sud-est. Dans cette direction, nous devons forcément arriver à une oasis ou à un kan tenu par des Druses. Nous nous y installerons tant bien que mal pour attendre le soleil de demain.

— Dans ce cas, mes amis, reprit Charles, pas de défaillance et en route, car voici la nuit.

Après une marche pénible, ils arrivèrent près d'une rivière que Georges déclara être le *Tamour* ou *Tamyros* des anciens. On le passa aisément à gué, et l'on eut encore le temps d'admirer avant la nuit ses rives bordées de roseaux élevés, et de lauriers-roses en fleurs, mais il ne pouvait être question d'aller plus loin.

Les tentes ayant été volées comme le reste, il fallut se résigner à s'étendre sans abri sur le sable fin du désert.

— C'est pourtant triste de se coucher sans souper, soupira Alfred.

— Ne vous désolez pas trop, dit Maurice, j'ai découvert au fond de ma poche une boîte de pastilles de menthe. En voulez-vous ?

— Oui, oui. Cela nous fera faire la digestion du dîner d'hier, et nous préparera au dîner problématique de demain.

L'idée de ce souper *pastilles de menthe* fit si bien rire la petite société, qu'on en oublia la faim, et qu'on eût probablement bien dormi sur le lit moelleux du désert, si la pluie n'était venue, vers deux heures du matin, inonder sans pitié les pauvres voyageurs.

Un orage est partout un phénomène imposant ; ce n'était, du reste, pas le premier qui les surprenait depuis qu'ils étaient en voyage. Charles et Georges n'avaient pas oublié celui qui avait troublé leur repos à Constantinople, mais aucun ne s'était encore présenté à eux sous cet aspect. Jamais ils ne s'étaient trouvés ainsi seuls, sur une plage inconnue, inhabitée, à la merci du vent qui semblait parfois vouloir les emporter. La mer mugissait si près d'eux qu'ils entendaient jusqu'au sifflement de la vague expirante qui glissait sur la grève. Bientôt l'orage devint si violent que la plaine se changea en lac, et que les enfants furent trempés jusqu'aux os. Mais tout cela dura ce que dure un orage ; le beau temps se rétablit, et l'on en profita pour se remettre en route au point du jour.

Le chemin suivi ne tarda pas à les conduire au bord d'une nouvelle rivière.

— Vive Dieu ! s'écria Georges en l'apercevant, nous approchons de Saïda. Cette rivière est l'*Aoula* qui fournit ses eaux abondantes à l'antique Sidon.

— Sidon ! répéta Charles ; et il continua pompeusement : La capitale des Phéniciens, la reine des mers, dont le nom est répété avec tant de gloire dans les annales du monde, a bu cette eau qui va nous désaltérer. C'est à Sidon que nous devons la navigation et l'écriture. Tyr et Carthage furent ses filles, et Homère parle des Sidonniens comme d'un peuple habile en toutes choses : les prophètes exaltent sa grandeur et prédisent sa ruine.

Charles en fut pour ses frais d'éloquence. Son auditoire distrait songeait peut-être à ces grands souvenirs, mais vaguement. Une idée fixe, dominante, les absorbait, le déjeuner : « Ventre affamé n'a pas d'oreilles. »

Enfin, on arrive, on foule le sol fameux, mais l'enthousiasme ne revient pas, et le premier soin fut de courir acheter du pain, des fruits, des légumes. Les affamés dévoraient tout et prouvaient, une fois de plus, que la faim est un bon cuisinier. Il fallait bien se refaire ! Georges avait faim, disait-il, comme cinq cent mille Turcs ; quant à Alfred, il déclara, après un dîner digne de Gargantua, qu'il mangerait bien encore trois melons en guise de dessert.

— Il faut pourtant te réserver un peu d'appétit pour ce soir, lui dit Charles, tu n'auras pas de plaisir à te remettre à table si tu n'as plus faim.

— Oh ! sois tranquille ! Cette faculté-là ne me manquera plus jamais, j'en ai l'intime conviction.

— Soit ; mais après le corps, l'esprit. Je vous prépare une pâture intellectuelle qui sera de votre goût. Nous allons, si vous le voulez bien, monter à la citadelle que vous voyez d'ici, sur ce monticule au bord de la mer : elle domine toute la ville.

L'ascension ne fut pas longue. Du haut de la tour la vue est magnifique, et les yeux éblouis par l'éclat de la mer et les reflets des montagnes s'arrêtaient agréablement sur les jardins qui garnissent le pied des collines.

— C'est là, dit Charles, que travaillait Abdalonyme.

— Qu'est-ce que ce monsieur-là? demanda Maurice.

— C'était un prince de Sidon qui travaillait la terre quand les envoyés d'Alexandre le Grand vinrent lui offrir la couronne. Quoique de sang royal, il était si pauvre qu'il était contraint, pour vivre, de travailler à la journée dans un jardin des faubourgs. Amené devant Alexandre qui lui demanda comment il avait pu supporter tant de misère : « Je prie les dieux, répondit-il, que je puisse aussi bien supporter la grandeur où je me vois élevé. Ces bras ont fourni à tous mes désirs, et, n'ayant rien, je n'ai manqué de rien. »

— C'était un fier brave homme, que cet Abdalonyme, et je me souviendrai de son histoire!

— Voyez, continua Charles, ces frais ombrages auprès de cette nappe d'eau toute bleue et limpide. ce doit être là que se sont reposés les croisés : les palmiers et les bananiers y sont plus nombreux qu'ailleurs.

— Et les bananes de Saïda sont les meilleures

de toute la Syrie, dit Alfred ; celles que nous avons mangées à déjeuner étaient délicieuses.

De leur poste d'observation, la ville apparaissait aux voyageurs comme un groupe de maisons dont les terrasses sont si rapprochées qu'on pourrait, semble-t-il, se promener dans toute la ville en allant d'une terrasse à l'autre. Les rues sont très étroites, partie voûtées, partie recouvertes avec des joncs et des nattes, de sorte qu'il y fait sombre et frais. Elles sont si basses que, lorsqu'on les parcourt à cheval, on est souvent obligé de se baisser. On ne voit que des murs sans fenêtre et pas la moindre trace d'antiquité, sinon des fûts de colonnes brisées qu'on rencontre dans les chemins, au bord de la mer et dans les champs.

Charles rappela encore à ses camarades que Sidon fut visitée par le Sauveur, et que c'est dans les environs de cette ville qu'il guérit la fille de la Chananéenne.

Il fut ensuite décidé qu'on ferait dans la soirée une promenade d'exploration hors la ville, mais on dut y renoncer. Dans les villes turques les portes se ferment une heure après le coucher du soleil, et il n'est plus possible d'entrer ou de sortir. Force fut donc de rester en place, et une partie de la nuit se passa en arrangements pour le départ du lendemain.

Il ne s'agissait plus de s'en aller à vide. Les

provisions achetées furent abondantes, les montures bien choisies ; mais quand il fut question de retenir des muletiers et des guides, personne n'en voulut. Charles essaya de faire acte d'autorité, mais il ne put vaincre les répugnances, et n'insista pas.

CHAPITRE X

DANS LEQUEL CHARLES DAVILLE FAIT A SON AUDITOIRE

UNE LECTURE TRÈS INTÉRESSANTE

Entre Saïda et Sour, l'ancienne Tyr, la distance
n'est que de sept lieues, et les voyageurs se croyant
cette fois sûrs de leur route parcouraient en chantant une longue allée de beaux arbres auxquels
Georges donna le nom de tamariniers. Ils suivaient
le rivage, aussi près que possible de la mer, parce
que la côte basse et unie est couverte d'un sable
extrêmement fin, qui se durcit lorsqu'il est mouillé
par les vagues et soutient mieux le pied des montures.

Mille peuples, dès les premiers âges du monde,
ont suivi ce chemin : on trouve à chaque pas des
sépulcres, des ruines enfouies sous les vagues dou-
blement destructives de la mer et du désert.

Mais ce qui intéresse le chrétien au-dessus de
tout, c'est que le Sauveur a parcouru ce chemin.

Désormais les jeunes gens espéraient le suivre à travers la Judée, la Samarie, la Galilée, sur le lac de Génésareth et dans la vallée du Jourdain.

Tout en s'occupant de ces pieux souvenirs, ils gagnèrent une petite vallée au milieu de laquelle coule le Nahr-Kasmich, une belle rivière qui la parcourt lentement sous l'ombrage des aulnes, des saules et des roseaux. Son eau est fraîche et profonde, et des oiseaux nombreux voltigent sur ses bords.

En quittant cette vallée on se rapproche de la mer. Bientôt après on rencontre un monceau de sable, une porte ébréchée, des rues noires et pleines de décombres : c'est tout ce qui reste de l'orgueilleuse Tyr, la reine des cités, la fille de Sidon. Son histoire est mêlée à tous les grands événements des temps anciens. Célèbre par sa grandeur et sa gloire, elle l'est davantage encore par sa ruine et ses malheurs si souvent prédits par les prophètes.

Comme tous ceux qui ont touché ce rivage désolé les voyageurs se sentaient frappés de stupeur et d'admiration devant ce prodige permanent de la colère de Dieu.

La ville actuelle ressemble plutôt à un cimetière qu'à une ville; quelques maisons basses, pareilles à des sépulcres en pierre ou en terre, recouvrent une petite partie de la presqu'île. Aucun monument n'est resté debout, le port est comblé. L'œil peut suivre à la trace de quelques écueils l'ancien mur d'enceinte ; des colonnes brisées gisent partout, sur le rivage, dans les décombres, dans les vieux murs, dans la mer. Des femmes enveloppées dans des linceuls passent silencieuses à travers les rues désertes, et les hommes isolés sont accroupis, de loin en loin, au coin des rues.

On sort de Tyr par une seule porte devant laquelle on trouve une fontaine très fréquentée. Au delà, il faut gravir des montagnes de décombres, mais dans la campagne, vers le sud, il y a des champs fertiles traversés par les débris de l'aqueduc qui amenait l'eau des puits de Salomon à Tyr ; ce sont, aujourd'hui encore, des monuments remarquables.

Le cap Blanc termine la plaine de Tyr ; on le passe par un chemin étroit et escarpé qui suit la sinuosité des rochers.

Après une marche assez longue, la caravane se trouva en face de la montagne de Saron.

Alfred et Maurice insistèrent pour qu'on en fît l'ascension ; ils en avaient assez de ces plaines à perte de vue ; une montagne était une bonne fortune, il fallait absolument l'escalader.

Du sommet, ils purent contempler le mont Carmel, si cher aux pèlerins, parce qu'il leur annonce le voisinage de Nazareth, de Bethléhem, de Jérusalem. Une courte et fervente prière s'éleva de ces jeunes cœurs ; puis leur attention se porta sur la ville de Saint-Jean-d'Acre qui s'avance, comme un cap de marbre, au milieu des ondes bleues de la mer.

On redescendit en courant, et il ne fallut pas vingt minutes pour se retrouver au pied de la montagne. La nuit allait venir, et les tentes furent immédiatement dressées sur un peu de gazon, à côté d'un champ de pastèques. Le propriétaire du champ sortit de sa cabane de roseaux et vint en offrir aux voyageurs qui les acceptèrent avec reconnaissance et les mangèrent avec le plus grand plaisir. Maurice déclara même qu'il partageait absolument l'opinion des Juifs qui ont tant regretté ce fruit dans le désert.

Des pastèques, si bonnes qu'elles puissent être, ne constituent pas un repas très réconfortant; aussi Georges, qui prenait volontiers des allures de cuisinier, se chargea-t-il de préparer un chocolat qui fut jugé excellent.

Tout en faisant ce modeste souper, Charles expliqua à son petit auditoire comment Saint-Jean-d'Acre est la même que Ptolémaïs, dont il est si souvent fait mention dans l'Écriture sainte.

Voyant qu'on l'écoutait volontiers, il tira de ses effets un ouvrage qu'il consultait souvent et lut à haute voix ce qui suit :

« Le seul nom de Saint-Jean-d'Acre, l'antique Ptolémaïs, rappelle un temps de bravoure et de foi; ce nom est inséparable de ceux des rois Richard, Philippe-Auguste et Saladin. L'histoire qui nous fait

connaître la vie de ces vaillants chefs d'armée aux
pays d'outre-mer a tout l'air d'un roman, et les
fabuleux exploits des héros de la Table Ronde ne
diffèrent presqu'en rien de ceux des héros des
croisades. Le siège de Saint-Jean-d'Acre par les
chrétiens dura plus de trois ans; les croisés y ver-
sèrent plus de sang, y montrèrent plus de bravoure qu'il n'en fallait pour conquérir toute l'Asie.
Plus de cent combats et neuf grandes batailles
furent livrés devant les murs de la ville ; plusieurs
armées florissantes vinrent remplacer des armées
presque anéanties, et furent à leur tour remplacées
par des armées nouvelles. Les chroniqueurs arabes
comparent la multitude des soldats chrétiens et
musulmans campés devant Saint-Jean-d'Acre à celle
qui s'assemblera dans la vallée de Josaphat, au jour
du dernier jugement. Un jour, un chevalier croisé
défendit seul une des portes du camp des chrétiens contre une foule de soldats de Saladin. Ce
guerrier, a dit un auteur musulman, était semblable
à un démon animé par tous les feux de l'enfer.
Une énorme cuirasse le couvrait tout entier ; les
flèches, les pierres, les coups de lance ne pouvaient l'atteindre ; tous ceux qui l'approchaient
recevaient la mort, et lui seul, au milieu des ennemis, semblait n'avoir rien à redouter. Il ne périt
que par le feu grégeois, que les Sarrasins firent
pleuvoir sur sa tête. Il tomba, semblable à ces
machines énormes des chrétiens, que les assié-

geants avaient brûlées sous les murs de Ptolémaïs.

Au temps de la domination française en Palestine, au XIIIᵉ siècle, Acre était la plus florissante ville de la côte syrienne. Elle avait remplacé Tyr, cette brillante métropole qui battait les mers, comme dit l'Écriture, avec les ailes de mille vaisseaux. Les murs de Ptolémaïs étaient si larges, du côté de la mer, que deux chars, venant à la rencontre l'un de l'autre, auraient pu passer dessus. De doubles murs, des fossés profonds, de grandes tours défendaient la cité du côté de la terre. Dans l'enceinte de la ville s'élevaient des châteaux forts où les princes et les seigneurs faisaient leur résidence. Des étoffes de soie ou d'autres belles tapisseries couvraient les places publiques et les garantissaient des ardeurs du soleil. Les princes et les seigneurs se promenaient sur ces places comme des rois, une couronne d'or sur la tête, et suivis de leur nombreuse maison, qui se faisait remarquer par des habits précieux couverts d'or, d'argent et de pierreries. Ils passaient leurs jours dans les tournois et dans toute sorte de jeux et d'exercices militaires. Les plus riches marchands de tous les pays du monde, entre autres des Pisans, des Génois, des Vénitiens, des Florentins, des Romains, des Parisiens, des Carthaginois, des Constantinopolitains, des Damasquins, des Égyptiens, habitaient cette ville et y apportaient tout ce qui pouvait servir aux besoins de la nombreuse population.

Qu'il y a loin de cette antique prospérité à l'état présent de Saint-Jean-d'Acre ! Les imposantes fortifications ne renferment en ce moment qu'un amas de ruines, au milieu desquelles se montrent quelques maisons de chétive apparence. Des cloaques dégoûtants, des chiens immondes errant sans maîtres dans les rues désertes semblent y entretenir la peste, qui, dans cette pauvre ville, a fait si souvent et depuis si longtemps tant d'affreux ravages. Aux splendeurs du luxe et des richesses ont succédé la misère et la faim, qui, dans ce pays, tuent plus de monde que la guerre. Ce ne sont pas les princes et les rois qui promènent leur somptueuse vanité sur les places publiques de Saint-Jean-d'Acre ; vous n'y voyez plus aujourd'hui que des lépreux, des mendiants qui tendent la main à l'étranger qui passe. Comme pour donner à cette ville une physionomie encore plus repoussante, le Gouvernement turc y a placé un bagne, hideux repaire de bandits qui arrivent là des bords de de l'Oronte, de l'Euphrate et du Nil. »

L'auditoire était si vivement intéressé qu'il eût voulu longtemps encore écouter la belle lecture, mais il était grand temps de songer à prendre un repos dont chacun éprouvait le besoin.

Hélas ! la bonne nuit, sur laquelle on avait compté, fut troublée par le vent qui soufflait avec violence du fond de la vallée et faillit plus d'une fois emporter les faibles demeures de nos amis.

Le lendemain, de très bonne heure, ils gagnaient Caïpha. Cette triste bourgade est au pied du mont Carmel : tout y respire l'abandon et la misère : c'est une solitude plantée de cabanes et entourée de murs. Ils traversèrent ensuite une campagne nue, sablonneuse, puis une forêt d'oliviers séculaires. Enfin ils montèrent pendant un quart d'heure un chemin à pic et arrivèrent au couvent du mont Carmel.

Le mont Carmel court du sud-est au nord-ouest sur une longueur d'environ cinq lieues et se termine dans la mer par un promontoire fort remarquable, à l'extrémité duquel est situé le célèbre couvent des Carmes.

C'est un grand et bel édifice, très vaste, très bien construit et disposé pour la défense. On pourrait y soutenir un siège, et, pour peu qu'on voulût résister, il serait imprenable pour des gens qui l'attaqueraient sans canon de gros calibre. Les portes sont revêtues de fer, défendues par un flanquement et des feux de protection, des créneaux et des meurtrières sont ouverts dans toutes les directions, et la terrasse est défilée des hauteurs qui la dominent.

L'église, dédiée à la sainte Vierge, quoique simple, est fort belle. Au fond de la nef est la grotte du prophète Élie ; le chœur est bâti au dessus ; un tableau représentant la mort de saint Louis le décore.

On descend dans la grotte par quelques marches; elle est fort vénérée, aussi bien par les Turcs et les Druses que par les Grecs et les catholiques. Le couvent enferme l'église de toutes parts, de sorte qu'on n'en voit rien à l'extérieur, excepté le dôme qui la surmonte.

Dès leur arrivée sur la sainte montagne, les enfants se firent conduire au Révérend Père supérieur, qui les reçut avec une touchante bonté et écouta avec intérêt le récit de leurs petites aventures. Il leur fit servir un bon déjeuner et les retint au Carmel durant trois jours, après lesquels les pèlerins reposés et reconnaissants se remirent en route, non sans avoir admiré une fois encore ce mont du Carmel qui, bien que dépouillé en grande partie des forêts, des vignes et de la culture qui l'ornaient autrefois, conserve de beaux restes de son antique splendeur. Des arbres couronnent son sommet, et des plantes rares et parfumées embaument ses coteaux. Les arbres sont isolés, il est vrai ; les rochers percent à travers le feuillage des arbres, mais en Palestine la moindre touffe d'herbe a son prix. Et du haut de ce mont aimé des cieux, quelle vue admirable ! Rien, dans tout leur voyage, n'avait paru aux jeunes gens suave et poétique comme les soirées passées sur le Carmel.

- CHAPITRE XI

QUI TEND A PROUVER QUE GEORGES DAVILLE

EST UN CHASSEUR ÉMÉRITE

Maurice gisait sans mouvement sur un lit de feuillage, tandis que Charles agenouillé posait son oreille sur la poitrine de l'enfant, dont il avait entr'ouvert les vêtements.

— Est-ce qu'il respire ? demanda Georges anxieusement.

Charles ne répondit pas.

Une minute — un siècle — s'écoula pendant qu'il cherchait à surprendre quelques battements du cœur.

Alfred pâlit, joignant les mains avec un geste désespéré.

Georges regardait sans voir ; épuisé par la fatigue, brisé par l'inquiétude, il était méconnaissable.

Charles, après une longue et attentive observation, se releva : « Il vit ! » dit-il.

Georges aussitôt ouvrit sa gourde, mêla quelques gouttes de cognac à un peu d'eau puisée dans un ruisseau voisin, et en humecta les lèvres du blessé.

L'effet fut presque immédiat : un soupir s'échappa de la bouche entr'ouverte.

— Nous le sauverons ! dit Charles. Et, écartant davantage les vêtements, il constata que la balle, en le frappant, avait brisé deux côtes, mais il était aisé de l'extraire des tissus. Charles fit aussitôt l'opération avec une délicatesse et une dextérité que n'eût pas désavouées le meilleur chirurgien.

Ensuite, à l'aide de bandes de toile, il fit un pansement, sinon parfait, du moins suffisant pour comprimer les côtes, les maintenir en place et procurer au patient un prompt et nécessaire soulagement.

Sans se plaindre, Maurice se laissait faire, à peine un léger frémissement révélait-il ses souffrances. Sa faiblesse était extrême, il ne pouvait articuler aucune parole.

— Quelques gouttes de vin le fortifieraient, dit Charles, il faut chercher dans nos effets une bouteille de bordeaux.

— Tu sais bien qu'il n'y en a pas, les monstres ont tout volé.

— C'est vrai, je n'y pensais plus ; les misérables !

— Nous n'avons pas d'autre vin que celui de Rénédos, ou du moins celui qui nous a été vendu comme tel à Saïda, c'est le même que nous avons bu à Constantinople.

Malheureusement ce vin était chaud.

— Donnez, dit Alfred, je vais le plonger dans le ruisseau ; dans cinq minutes il sera rafraîchi.

Alfred ne tarda pas à revenir portant d'une main la gourde pleine de vin, et de l'autre un fruit excessivement juteux, assez semblable au citron.

Dès qu'il eut avalé quelques gorgées de vin, Maurice sourit et, d'une voix très faible encore, mais intelligible : « Que s'est-il passé ? » interrogea-t-il.

— Tu as été blessé d'un coup de feu, mon pauvre ami, répondit Charles ; mais ne t'inquiète pas, ce ne sera rien. Tu souffres déjà moins, n'est-ce pas ?

— Oui, oui, mais raconte !

— Tu marchais à quelques pas en avant, quand tout à coup une détonation se fit entendre : on avait tiré de derrière un rocher. Nous nous précipitons en avant, surpris et effrayés, et, pendant que je te recevais dans mes bras, Georges et Maurice, sortant leurs revolvers, tirèrent coup sur coup dans la direction du rocher, mais ils ne virent personne. Le bandit devait être seul et s'était probablement enfui. Mais ce n'était là qu'une conjecture ; nous pouvions être assaillis de nouveau ;

il fallait donc fuir au plus vite. Nous avons eu
bientôt préparé un brancard et, tandis qu'Alfred
prenait soin des mulets, nous t'avons transporté
ici, où nous avons enfin trouvé un peu d'ombre
et de repos.

— Sais-tu où nous sommes? dit encore le
blessé.

— Absolument pas. Dans notre fuite nous avons
abandonné toute espèce de chemin tracé. Georges
a perdu sa boussole et ses cartes ; une partie de
nos effets est restée en route. Néanmoins, tran-
quillise-toi ; nous sommes très bien ici : quand tu
seras guéri, nous aviserons.

Charles avait raison, le refuge ne pouvait être
mieux choisi. Un caroubier, dont les branches
s'étendaient jusqu'à terre, formait au-dessus de
nos égarés un dôme plein de fraîcheur. Tout auprès
un filet d'eau limpide leur devenait un véritable
trésor, et, à une légère distance, une sorte de
petite oasis leur offrait des oranges, des figues et
des grenades qui croissaient pêle-mêle au gré de
la nature.

Georges examinait curieusement les fruits
recueillis par Alfred.

— Si je ne me trompe pas, dit-il au bout d'un
instant, c'est le fruit du limonier : Alfred a fait une
véritable découverte, car il y a là de quoi guérir
notre malade et nous faire à tous beaucoup de
bien. Avec quelques morceaux de sucre de notre

provision, l'eau du ruisseau et cinq ou six limons, je vais vous confectionner une limonade à rendre jaloux tous les limonadiers de Paris.

Il fut décidé qu'on recueillerait aussi des grenades ; elles étaient si rouges, si fraîches, si appétissantes. Mais les trompeuses étaient vides ! De beaux oiseaux, au plumage jaune et bleu, qui se trouvaient là en assez grand nombre, avaient adroitement tiré les graines par une petite ouverture faite de côté.

— Petits voleurs ! s'écria Alfred avec dépit. Les oiseaux semblaient rire de son désappointement ; ils s'envolèrent en poussant un petit cri aigu, moqueur, et Charles se fit gaiement leur avocat :

— Ce sont les premiers occupants et les légitimes propriétaires, dit-il, nous aurions tort de nous plaindre !

La nuit fut bonne pour tous. Le malade lui-même, malgré quelques heures d'insomnie, se trouva mieux le lendemain matin ; il put manger un fruit et un peu de viande conservée, mais le côté le faisait beaucoup souffrir, il ne pouvait se soulever. Charles, jugeant que pendant huit jours encore il faudrait rester en place, craignit que les provisions ne fussent insuffisantes.

— Viens ! dit-il à Georges ; prends ton fusil, et nous irons à la découverte d'un gibier. Maurice restera à la garde d'Alfred.

Tout en chassant, on fit l'inspection des lieux. Le terrain était plus élevé, les rochers s'avançaient plus avant dans la mer. Un petit chemin qui ne pouvait côtoyer le rivage pénétrait dans une région montueuse couverte de bruyères, de hautes herbes, de chênes nains, de caroubiers qui avaient à peine trois mètres de hauteur. Ces arbres déployaient comme des tentes leurs tiges rameuses et touffues ; les animaux sauvages devaient y faire leur retraite. Charles et Georges s'avançaient avec précaution.

Soudain un bruit de branches criardes attira leur attention.

— Feu ! dit Charles tout bas.

Deux coups partirent en même temps.

— Je l'ai touché ! dit Georges.

En effet, l'animal fit un bond et tomba.

Les chasseurs se précipitèrent.

— C'est un lièvre ! dit Georges triomphant.

— Est-ce possible, dans ce pays ?

— Eh ! sans doute : le lièvre, le chacal, le porc-épic et même la sanglier ne sont pas rares dans les forêts voisines des montagnes du Carmel.

— Quel rôti en perspective ! penses-tu que notre malade pourra en manger ?

— Un peu, pourquoi pas !

Mais, au moment où ils se disposaient à retourner vers Maurice, de formidables rugissements les arrêtèrent.

— Fuyons ! s'écria Charles ; il y a là une bête féroce ; fuyons, vite, vite !

Et, saisissant son compagnon par le bras, il l'entraîna à l'abri d'un rocher, au moment où l'énorme animal sortait d'une caverne voisine.

C'était une hyène. Georges, au premier coup d'œil, reconnut la cruelle rivale du loup, qu'elle surpasse en férocité.

L'hyène s'avança et regarda autour d'elle, le poil hérissé, l'œil en feu : on eût dit qu'elle flairait un danger.

En ce moment, Georges tourna la roche, se rapprochant du terrible animal. Charles effrayé voulut le retenir, mais Georges lui fit un signe de la main et continua à marcher. Il s'avança jusqu'à une petite distance, demeura immobile un instant, la carabine à l'épaule, calculant son coup.

L'hyène ramassée sur elle-même fondit sur l'audacieux, mais, au moment où elle bondissait, une balle la frappait au front, elle tombait raide morte.

Tout cela avait été si rapide que Charles, terrifié par le danger que courait son frère, sentant que le moindre mouvement pouvait l'augmenter et les perdre tous deux, était resté cloué à la même place.

En voyant tomber l'animal, il poussa un cri de délivrance.

— Dieu soit béni! Ah! Georges, quelle témérité!
quel beau coup!

— Je m'étais fait la main en tuant le lièvre, dit
Georges, en riant. Il fallait bien nous débarrasser
de cette voisine incommode. Et, maintenant qu'elle
a quitté son repaire, rien ne nous empêche de nous
y installer pour la nuit. Maurice y serait plus à
l'abri de la fraîcheur et du vent que sous les
tentes.

Les carabines furent chargées, et l'inspection de
la caverne faite avec soin : elle était vide, sèche,
spacieuse, aérée et éclairée par l'ouverture
d'entrée.

Deux heures après cet exploit, Maurice et ses
amis étaient installés dans le château fort de
l'hyène, comme l'avait pompeusement appelé Alfred.
Des herbes sèches et des débris de bois furent
entassés sur le seuil. La nuit venue, on y mit le feu
afin de se défendre de toute agression nocturne.

Les voyageurs soupèrent ensuite d'un râble rôti
à point et déclaré excellent. Puis, la prière fut faite
en commun, le bon Dieu chaudement remercié, et
l'on s'endormit paisiblement dans la demeure que
l'hyène avait laissée disponible.

Au soleil levant, tandis que Maurice reposait
encore, les jeunes gens gravirent le rocher, s'avancèrent jusqu'à l'extrémité, et, de ce point élevé,
interrogèrent l'horizon. La grande forêt mon-
tagneuse où ils avaient trouvé un refuge se pro-

longeait vers le sud-est jusqu'à une chaîne de montagne que Georges ne put nommer. Néanmoins il fut décidé qu'on se dirigerait de ce côté, les jeunes explorateurs supposant qu'ils rencontreraient au pied des montagnes des localités habitées.

Les voyageurs n'arrivant pas à déterminer leur position géographique, le projet primitif devait forcément être abandonné. Il fallait marcher à l'aventure, comptant sur la Providence pour diriger une course désormais incertaine.

Trois jours plus tard, Maurice déclara qu'il se sentait la force de continuer sa route, et pressa le départ. Charles le plaça sur son mulet avec des soins, des précautions presque maternelles, et la caravane, donnant un regard d'adieu à ce coin de pays où deux fois elle avait providentiellement échappé à la mort, se mit en marche, pleine d'espoir et de courage.

Le voyage cependant n'était pas sans danger. La forêt qu'ils parcouraient abrite, comme certaines forêts de ces régions, de nombreuses bêtes féroces : non seulement l'hyène, mais le sanglier, la panthère commune, le renard, le chacal n'y sont pas rares.

Plus d'une fois durant cette première journée, ils durent faire usage de leurs armes, mais les coups de feu suffirent pour éloigner les animaux sauvages.

En sortant de la forêt, ils se trouvèrent en face d'une vaste plaine bordée, du côté de la mer, par des montagnes au sommet desquelles ils virent çà et là des villes en ruines, comme on voit, sur les bords du Rhin ou du Danube, des vestiges du moyen âge. Aucun village, au milieu de cette plaine vaste et fertile, n'arrêta leur regard : ils ne virent que des troupeaux de chèvres, des oliviers épars et quelques tentes de Bédouins.

Sur une petite élévation un immense sycomore, auprès duquel se trouvait une excellente source, les invitait au repos. C'est là qu'ils décidèrent de passer la nuit.

Charles cependant, toujours inquiet de leur situation, s'était approché de la tente d'un Bédouin qui était voisine. Avec les quelques mots d'arabe qu'il avait glanés çà et là et les gestes expressifs que les Arabes comprennent mieux que nous, il finit par savoir le nom de la contrée qu'ils traversaient.

— Le lieu où nous sommes s'appelle Galgal, dit-il en rentrant, et nous avons devant nous la célèbre plaine de Saron qui se trouve au milieu des montagnes de la Judée. Jérusalem est assise derrière un de ces mamelons, nous n'en sommes plus séparés que par quelques heures de marche. Le bon Dieu nous a conduits : sans nous en douter, sans le savoir, sans l'espérer, nous nous sommes rapprochés du terme de notre voyage. Nous sommes à trois lieues de Sébaste et à cinq de Sichem, la ville de Jacob.

Ces paroles transportèrent de joie nos petits pèlerins. Ils ne purent dormir tant ils sentaient augmenter leur impatience d'arriver enfin dans la Ville sainte. Comme autrefois les croisés, leur ardeur à voir cette cité était telle que cette nuit leur parut beaucoup plus longue que les autres.

CHAPITRE XII

DANS LEQUEL LES VOYAGEURS ÉTUDIENT AVEC INTÉRÊT
LE PAYS QU'ILS PARCOURENT

On était au 5 septembre. Nos jeunes voyageurs, grâce à leur volonté, à leur courage, seuls, sans aide aucune, brisés par les émotions et les fatigues, avaient, malgré tout, réussi à gagner Jaffa.

En face de cette ville qui s'élève sur un rocher au bord de la mer, dans toute la splendeur d'une ville orientale, leur jeune imagination reprenait son empire. Que de mystérieux souvenirs rappellent ces antiques cités de l'Asie entourées de murailles crénelées, de forêts d'orangers et de palmiers, placées au milieu des vagues de la mer et toutes noyées dans des flots de lumière et de parfums.

Mais, à mesure qu'on s'en approche, l'illusion et la poésie disparaissent ; il ne reste plus que la réalité la plus triste et la plus prosaïque.

— Jaffa, dit Georges à ses camarades, c'est la

ville des pèlerins : qu'on vienne en Palestine par l'Égypte, par la Grèce ou par Constantinople, par le nord ou par le sud, il faut toucher Jaffa ; c'est le port des vaisseaux et des caravanes : tous les voyageurs s'y arrêtent, tous les écrivains en ont parlé.

— Ce n'est pas étonnant, répondit Charles. Il y a assez longtemps que cette cité existe pour qu'on en ait parlé quelquefois. C'est une des plus anciennes villes du monde ; on prétend même qu'elle fut bâtie avant le déluge. On dit que c'est là que l'arche fut construite par Noé ; son premier nom fut Joppé.

— Et c'est à Joppé, dit Alfred, que saint Pierre ressuscita une femme nommée Tabithe.

Tout en causant on entra dans la ville. Ce qu'il y a de plus remarquable, ce sont les jardins, sans contredit, les plus beaux de la Palestine. Qu'on se figure une enceinte de deux milles, toute plantée des plus beaux arbres. C'est une forêt verte et odorante, d'orangers chargés de fleurs et de fruits, de grenadiers, dont les pommes le disputent en éclat aux fleurs qui les ont produites ; de bananiers au feuillage large et satiné, de figuiers de toute espèce, d'amandiers, de mûriers et de palmiers. Cet éden est enfermé dans des haies de nopals et arrosé par de nombreuses fontaines. Les habitants de Jaffa viennent quelquefois passer des journées entières sous ces délicieux ombrages.

Les voyageurs se dirent qu'ils pouvaient bien en faire autant; ces parfums et cette fraîcheur les attiraient. Ils s'y installèrent pour la nuit et rêvèrent tous les quatre qu'ils avaient été transportés dans le paradis terrestre.

Le lendemain, au petit jour, ils étaient sur pied et continuaient leur voyage en suivant le beau chemin qui traverse les jardins de Jaffa.

Ils passèrent d'abord auprès d'une belle fontaine, et, dans chaque enclos, ils remarquèrent un puits dont l'eau ne tarit jamais. Des ânes, par le moyen de chaînes à augets, étaient continuellement occupés à en élever l'eau jusqu'à la hauteur des conduits qui la distribuent dans toute l'étendue de ces jardins fertiles. Ces puits, avec ces sortes de chapelets hydrauliques qu'on appelle norias, se rencontrent assez fréquemment en Orient.

Brusquement, cette belle végétation cesse, et le désert ne discontinue plus jusqu'à Jérusalem.

Les chemins étaient détestables, nos amis silencieux. Cent lieux célèbres de l'histoire sacrée se pressent sur le petit espace qu'ils parcouraient et qui fut autrefois le pays des Philistins et d'une partie des tribus de Dan et de Benjamin.

Mais comment les visiter tous ? La vie d'un homme ne suffirait pas pour remuer la poussière de tant de peuples et évoquer tant de grands souvenirs. Ce lointain passé assiégeait vivement la pensée des quatre cousins. Ils croyaient voir la poussière s'animer, les tombeaux rendre leurs illustres morts, et ces morts, dont le monde a gardé les noms, leur semblaient une réalité plus magnifique que le rêve.

La fatigue abrégea cette journée pénible, la chaleur avait été excessive, Maurice avait mille peines à se tenir sur son mulet, et, dès qu'on découvrit un emplacement favorable, on fit un effort pour dresser les tentes.

Georges, le plus vaillant de tous, préparait le repas du soir, tandis que les trois autres, nonchalamment assis ou couchés, causaient de ce qu'ils avaient vu et, plus encore, de ce qu'ils espéraient voir le lendemain.

Georges ne tarda pas à les rejoindre, apportant triomphalement une conserve de langue de bœuf, un gâteau spécial, acheté à Jaffa, et une infusion de café du plus délicieux arome.

— Hourra! vive notre cuisinier, crièrent les trois personnes. Pas un cordon-bleu, en Europe, ne nous eût servi un meilleur souper.

On y fit honneur, et le repas se passait gaîment, quand des hurlements sinistres, sortant de toutes les cavernes, de toutes les fentes des rochers avoisinants, vinrent troubler le silence de ces affreuses solitudes. Une étrange sensation d'étonnement et d'effroi courut dans toutes les veines.

— Qu'est-ce? dit Maurice d'une voix étranglée.

Charles et Georges avaient déjà saisi leurs armes.

— Ce sont des loups, dit Alfred en pâlissant.

Les aboiements continuaient, on eût dit même qu'ils s'étaient rapprochés.

— Il faut fuir! dirent les plus jeunes enfants.

— Non ! mille fois non ! reprit Georges en se rasseyant d'un air parfaitement rassuré ; nous ne risquons rien : ce ne sont pas des loups, mais des chacals.

— A en juger par le train qu'ils font, dit Alfred qui essayait de reprendre courage, ils doivent être aussi nombreux qu'au beau temps où Samson en attrapait trois cents pour les lâcher avec des flambeaux allumés dans le camp des Philistins.

— Mais, s'il y en a trois cents, ils auront bientôt fait de nous dévorer, dit Maurice qui tremblait toujours.

— Sois tranquille, il y a un moyen bien simple de les éloigner. Nous allons ramasser des sarments pour faire un beau feu de joie ; cela suffira à les tenir à distance, tout aussi bien que l'hyène et les autres animaux féroces de ces contrées. J'espère même qu'il vous sera possible de dormir malgré leurs cris, maintenant que vous savez ce que c'est, et que vous êtes rassurés.

Le feu allumé, Charles exigea que Georges, Alfred et Maurice se couchassent dans leurs couvertures. Quant à lui, il s'était chargé de monter la garde.

Décidément les jeunes voyageurs se faisaient à

la vie du Bédouin, vie pleine de variétés, d'émotions, d'intérêt et de charmes. Sans doute, il y avait eu, il pouvait y avoir encore, des heures pénibles, cruelles ; mais, une fois passées, ce ne serait qu'un souvenir de plus, palpitant, aimé. Seulement Maurice était resté faible, et son visage pâli révélait des instants de souffrance que le vaillant enfant cherchait à dissimuler, mais qui n'échappaient pas à la sollicitude inquiète de Charles. Le petit garçon cependant voulait suivre partout ses camarades : il ne craignit pas d'escalader avec eux, quand le jour fut venu — et que les hurlements des chacals eurent cessé, — les montagnes avoisinantes, afin de voir au moins de loin la situation des anciennes villes qui se trouvaient dans cette contrée.

Charles, tout entier à son rôle de grand historien, leur fit remarquer qu'ils étaient tout près de Nicopolis, où Judas Machabée vainquit Gorgias ; un peu plus loin était Nob, la ville sacerdotale où était venu David lorsqu'il fuyait la colère de Saül. Plus au sud, la ville de Bethsames (maison du soleil), où l'arche, renvoyée par les Philistins, s'arrêta dans le camp de Josué. Vers le nord se trouvait la grande cité de Gabaon.

— Ah ! s'écria Alfred, je me souviens de la prière de Josué : « Soleil, arrête-toi sur Gabaon ! » et le soleil s'arrêta jusqu'à ce que les ennemis fussent entièrement défaits.

— Nous nous trouvons ici, dit Georges, au centre de la Judée, entre la mer Morte et la grande mer. Nos regards s'étendent sur une partie des tribus d'Éphraïm, de Benjamin et de Juda.

Maurice interrompant demanda :

— Quelles sont l'étendue et la population de la Palestine ?

— Sous le nom de Palestine, expliqua Georges, nous comprenons le pays habité autrefois par les Israélites et qui, aujourd'hui, fait partie des pachaliks d'Acre et de Damas. Il s'étendait entre le 31ᵉ et le 33ᵉ degré de latitude nord et entre le 32ᵉ et le 55ᵉ degré de longitude est, sur une superficie d'environ 1,300 lieues carrées. Quant à la population actuelle de la Palestine, on l'évalue à environ 300,000 âmes.

— Mes amis, dit Charles, ne nous attardons pas ici, croyez-moi, poursuivons notre route ; n'avez-vous pas maintenant grande hâte d'arriver ?

— Oui, oui, partons, partons !

Les tentes pliées et chargées, chacun reprit son bourdon de pèlerin, cette fois pour ne plus le quitter.

Le chemin escarpé, couvert de pierres arrondies, glissait sous le pas des montures, et l'on fut bientôt au fond de la vallée, auprès d'un torrent.

— Voici la vallée de Térébinthe, s'écria Georges, et le torrent dans lequel David choisit cinq cailloux pour en armer sa fronde.

Ces paroles furent accueillies avec enthousiasme.

— Vive le petit David ! s'écrièrent, en jetant joyeusement leurs coiffures en l'air, les plus jeunes de la troupe.

— Cette vallée occupe en effet, dit Charles, une large place dans nos souvenirs d'enfance. Ne vous semble-t-il pas que c'est une des plus riantes que nous ayons rencontrées jusqu'ici. Pour moi, j'ai certainement déjà vu dans mes rêves ces jolies collines couvertes d'oliviers qui l'enserrent.

Charles et Georges s'étaient assis au bord du torrent et regardaient dans leurs moindres détails ces montagnes parfois nues, calcinées, brûlantes, tandis qu'un peu plus loin elles sont ombragées par des vignes et des sycomores. Quelques villages entourés de nopals, échelonnés sur les coteaux, animent cette grande nature, d'une tristesse sauvage et d'une solennelle bizarrerie. Ce théâtre est bien digne des combats des géants et des scènes sublimes de la Bible. Les chants de triomphe des femmes d'Israël semblent y vibrer encore, et les plaintes qui montent des flots sont lugubres comme les lamentations de Jérémie.

Alfred et Maurice, laissant leurs grands cousins méditer à leur aise, s'étaient avancés un peu plus loin et choisissaient de belles pierres rondes, dont ils garnissaient leurs poches.

— Quel succès nous aurons au collège, se

disaient-ils, quand nous ferons voir à nos camarades les cailloux de la fronde de David.

— Est-ce que ce sont des lauriers, ces beaux arbres si nombreux dans cet endroit? crièrent-ils à Georges.

— Les feuilles, répondit-il, ressemblent en effet à celles du laurier, mais cet arbre est le térébinthe, qui a donné son nom à la vallée. Regardez de plus près : le tronc est résineux et nous fournit la térébenthine. Les fruits, d'un beau vert, deviennent rouges et enfin noirs.

— Debout! dit Charles après un moment de repos, le temps passe, il faut poursuivre notre route !

— De quel côté ?

— C'est bien simple, nous traverserons le torrent. A certains endroits, il est presque desséché, et nous réussirons à peine à nous mouiller le bout des pieds.

Ce qui fut dit fut fait. On se remit à gravir, pour en redescendre ensuite l'autre versant, plusieurs montagnes qui se touchent par la base et se ressemblent toutes par les assises régulières et circulaires de leurs rochers.

On approchait de la cité sainte.

Dans l'espoir de découvrir plus vite quelque chose de Jérusalem, Maurice, Alfred et Georges avaient pris les devants, et se pressaient d'atteindre les hauteurs. Mais toujours de nouveaux obstacles, de nouveaux sommets, de nouveaux déserts se présentaient à leurs regards.

Charles savait que ce n'est qu'au moment d'y entrer qu'on peut voir la cité de Dieu. Aussi suivait-il de loin, recueilli, ému, le cœur et l'esprit occupés de saintes pensées.

Bientôt, à l'extrémité de la plaine nue et pierreuse qu'il traversait, il vit ses compagnons immobiles, silencieux, pieusement découverts en face d'une montagne. Il se hâta de les rejoindre, et tous quatre saluèrent ensemble le mont des Oliviers.

Un peu plus tard, des murs crénelés, des dômes, des tours :

Voilà Jérusalem.

Les enfants tombèrent à genoux et, incapables de dominer leur émotion, se mirent à pleurer de tout leur cœur.

CHAPITRE XIII

En arrivant à Jérusalem par Jaffa, on ne rencontre, au dehors de la ville, aucun jardin, aucune habitation. Rien ne sépare la ville de Sion du désert qui l'environne : on la voit apparaître dix minutes avant d'y entrer.

Elle est belle et digne encore, malgré sa désolation, et les pèlerins remis du premier saisissement se répétaient ces paroles de Chateaubriand : « Quand je vivrais mille ans, jamais je n'oublierais ce désert qui semble respirer encore la grandeur de Jéhovah et les épouvantements de la mort. »

Jérusalem ne ressemble à aucune autre ville. Ce n'est pas une place forte comme nous en voyons en Europe ! ce n'est pas une ruine antique, noircie ou couverte de lierre ; c'est moins encore une cité moderne agitée et bruyante. Jérusalem est une enceinte vaste et lugubre, entourée de débris et de monuments funéraires. Aucun bruit ne sort de ses murs, aucun être vivant ne parcourt les sentiers pierreux de ses vallées. L'oiseau du ciel est sans voix, et le torrent du Cédron sans eau. Partout la douleur et la mort, une désolation immense et une navrante poésie.

L'entrée de la Ville sainte se fit par la porte de Jaffa, et les pèlerins se dirigèrent aussitôt vers le couvent du Saint-Sauveur. Il leur tardait de revoir enfin des chrétiens, les gens civilisés, quelqu'un qui voulût les aider. Or, ils ne pouvaient s'adresser mieux qu'aux bons Pères Franciscains, dont plusieurs étaient Français.

Leur jeunesse, leur courage, leur étrange voyage, l'air maladif de Maurice, tout intéressait les Pères, et il fut décidé qu'on logerait les pèlerins à la *casa nuova*, qui appartient au couvent, et n'en est séparée que par une rue étroite.

Il était nuit, et, malgré l'ardent désir des enfants de commencer aussitôt leur pieux pèlerinage, il fallut se résigner à aller se coucher. La prudence leur faisait un devoir de réparer par un bon sommeil les forces dont ils auraient si grand besoin le lendemain.

De grand matin, un des Frères fut chargé de leur servir de guide dans la *voie douloureuse*, par laquelle ils devaient commencer leur pèlerinage.

Le premier besoin qu'éprouve tout voyageur

chrétien en arrivant à Jérusalem, c'est de parcourir le chemin que suivit Jésus depuis Gethsémani jusqu'au Calvaire, qu'il arrosa de son sang.

Gethsémani ou le Jardin des Oliviers se trouve sur la rive gauche du torrent de Cédron, au pied du mont de l'Ascension. Huit oliviers d'une grande dimension forment ce qu'on appelle le Jardin des Oliviers. C'est donc là que l'Homme-Dieu a prié la veille de sa Passion, là qu'il a sué le sang, et qu'il a prononcé ces paroles : « Mon-âme est triste jusqu'à la mort. »

Oh ! ce lieu est saint ! Nos pèlerins, saisis de respect, se prosternèrent la face contre terre et restèrent longtemps abîmés dans l'adoration. Cette belle jeunesse, pleine de force et d'avenir, semblait tout oublier pour écouter les gémissements du Sauveur. Quand ils relevèrent le front, de grosses larmes coulaient le long de leurs joues pâlies.

Leur guide alors dit à demi-voix :

Ces huit oliviers ont assisté à toutes les révolutions de Jérusalem, ils sont contemporains de Jésus-Christ ; c'est sous leur ombrage que Jésus a pleuré ! ils portent réellement sur leur tronc et sur leurs immenses racines la date des dix-neuf siècles qui se sont écoulés depuis cette grande nuit.

Ces troncs en effet sont énormes ; formés, comme tous les vieux oliviers, d'un grand nombre de tiges qui semblent s'être incorporées à l'arbre sous la même écorce, ils resssemblent à un faisceau de colonnes accouplées. Leurs rameaux portent encore des olives. Alfred regardait avec une pieuse envie celles qui jonchaient le sol.

— Bon Frère, dit-il enfin, croyez-vous qu'il me serait permis d'en recueillir quelques-unes?

— Oui, sans doute, mon enfant, dit le Frère, les olives qui tombent à terre sont laissées à la piété des pèlerins qui les conservent comme des reliques saintes.

Les jeunes gens, heureux de cette permission, se hâtèrent de ramasser les olives. Ils baisaient chacun de ces fruits avec une piété, une simplicité touchante et naïve, qui mit des larmes dans les yeux de leur guide.

— Voyez, leur dit-il, tout près d'ici, ce rocher plat sur lequel six ou huit personnes pourraient commodément s'asseoir ou se coucher, c'est là que se sont endormis les Apôtres, tandis que Jésus priait. Venez maintenant, continua-t-il; et, à la distance d'un *jet de pierre*, il les fit entrer dans la grotte de l'Agonie.

C'était trop d'émotion pour ces chrétiens pieux et enthousiastes; ils se mirent de nouveau à verser des larmes en lisant cette inscription :

« *Hic factus est sudor ejus sicut guttæ sanguinis decurrentis in terram* (Luc, XXII, 44).

« C'est ici que lui vint une sueur comme des gouttes de sang, qui découlaient jusqu'à terre. »

De là, on se rendit au prétoire. C'est la première station du chemin de la Croix.

L'escalier que monta Jésus pour arriver dans le prétoire où Pilate devait l'interroger est connu sous le non de *Scala sancta*; il est maintenant à Rome, près de la basilique de Saint-Jean-de-Latran. Notre-Seigneur l'a monté trois fois pendant sa Passion : la première fois pour son interrogatoire, la seconde en revenant de chez Hérode, et la troisième après sa flagellation. Cet escalier, arrosé du sang de Jésus-Christ, a vingt-huit marches. Il a été transporté à Rome par ordre de Constantin. Il est tellement usé par les fidèles qui le montent à genoux, qu'on a dû le revêtir en tables épaisses de bois de noyer, qu'on a déjà renouvelées plusieurs fois.

Le lieu de la flagellation est de l'autre côté de la rue : les pèlerins allèrent s'agenouiller avec respect là où le sang le plus pur a coulé si cruellement sous la main des bourreaux.

C'est dans le prétoire que Jésus a été couronné d'épines. A une centaine de pas, en suivant la voie douloureuse, on remarque une galerie couverte, ayant une double fenêtre, et passant au-dessus de la rue. Il y avait une arcade ou portique attenant au palais du gouverneur, c'est de là que Pilate montra Jésus au peuple en disant : *Ecce Homo!*

La rue où se trouve la palais musulman va toujours en montant et se prolonge jusqu'au Calvaire; sa longueur est d'environ un quart de lieue.

Jésus, entouré de ses accusateurs et de ses bourreaux, passa sous l'arcade où il avait été montré au peuple, et suivit ce chemin. Les diverses chutes du Sauveur chargé de sa croix sont marquées par des colonnes de granit.

Sur la gauche, on trouve le lieu où il rencontra sa divine mère.

Le guide leur fit aussi remarquer dans cette rue une vieille maison qui était, dit-on, celle de Véronique, cette vertueuse fille qui essuya avec son mouchoir le sang et la sueur qui ruisselaient du visage du Messie.

Ce nom de Véronique veut dire *vraie image*, *vera icon* ou *vera icona*. Le face de Notre-Seigneur empreinte sur le linge est gardée à Saint-Pierre de Rome, sous le nom de *Volto sancto*.

Plus loin, est l'endroit où Simon le Cyrénéen aida Jésus à porter sa croix.

A une quarantaine de pas de-là, est le lieu où le Rédempteur du monde, voyant des femmes qui pleuraient et se frappaient la poitrine, leur dit : « Filles de Jérusalem, ne pleurez pas sur moi, mais pleurez sur vous-mêmes et sur vos enfants. »

Les jeunes pèlerins suivaient le Frère en silence : çà et là, ils s'agenouillaient, priaient, pleuraient, baisaient le sol.

Arrivés au haut de la rue, le Frère leur fit remarquer qu'à cet endroit se trouvait autrefois la porte judiciaire.

Extérieur du Saint-Sépulcre.

— Du temps de Notre-Seigneur, leur dit-il, c'était
la fin de la ville : le Golgotha, ou *lieu du crâne*,
commence proprement ici ; c'était la place des exé-
cutions. Mais, comme vous le voyez, tout cet espace
est actuellement enfermé dans la ville et couvert
de maisons ; c'est pourquoi il n'est plus possible
de suivre le reste de la *voie douloureuse*. La partie la plus élevée du Calvaire et les lieux adjacents
sont tous compris dans l'église du Saint-Sépulcre.

La grande église du Saint-Sépulcre ou de la
Résurrection fut construite, durant la première
moitié du IVᵉ siècle, par sainte Hélène, mère de
Constantin, premier empereur chrétien. Sauf
quelques réparations peu importantes, cette immense basilique est restée dans une complète con-
servation jusqu'en 1808, époque où la voûte fut
incendiée. Ce fut dans cette catastrophe que disparurent les tombeaux de Godefroy de Bouillon et
de Baudouin son frère : ces deux sépulcres se
trouvaient dans l'église.

L'édifice actuel, rebâti sur les fondements de
l'ancien, est loin de l'égaler en beauté ; mais peu
importe le travail des hommes : ce que les pèlerins venaient chercher, c'était le souvenir de Celui
qui remplit le monde de son nom, et qui, pour
expier des fautes dont Il était innocent, s'est livré
Lui-même entre les mains des bourreaux. Les
enfants arrivés au lieu de son supplice entrèrent
avec un saint recueillement.

Le monument renferme dans son sein la *prison de Notre-Seigneur*, les chapelles de la *Flagellation*, de la *Division des vêtements*, la partie du Calvaire où la croix fut plantée et la *pierre de l'Onction*.

Les pèlerins s'arrêtèrent successivement à ces différents sanctuaires en se dirigeant vers la *prison de Notre-Seigneur ;* Jésus fut retenu en ce lieu pendant qu'on faisait les apprêts de son supplice.

Près de là, est la petite chapelle dite de *Saint-Longin,* et aussi du *Titre de la Croix*. On croit que Longin est le soldat qui a percé Notre-Seigneur de sa lance, mais qu'ayant vu les prodiges qui se sont opérés à la mort de Jésus, touché de la grâce, il est venu pleurer sa faute en ce lieu, et plus tard s'est retiré en Cappadoce, où il a souffert le martyre. La sainte Lance se trouve aujourd'hui à Rome parmi les reliques de la basilique de Saint-Pierre.

Le *Titre de la Croix* a été conservé quelque temps dans cette chapelle après avoir été retrouvé par sainte Hélène.

A douze pas au delà est la chapelle de la *Division des vêtements*. La loi romaine adjugeait aux exécuteurs les vêtements des suppliciés. Les quatre bourreaux de Jésus prirent donc ses habits : le taleth, la ceinture, le manteau, la tunique, les chaussures. Ils partagèrent le manteau en quatre parties, mais, pour la tunique — comme elle était

Intérieur du Saint-Sépulcre.

sans couture, d'un seul tissu, —ils se dirent : « Ne la déchirons pas, mais tirons au sort à qui l'aura. »

On a vu récemment des choses bien extraordinaires à l'occasion de l'exposition de cette sainte Tunique du Sauveur. Des millions d'hommes ont fait le pèlerinage de Trèves, des millions d'autres s'en sont émus, et des fêtes inouïes ont manifesté au monde la vénération du peuple catholique pour la robe sans couture de Jésus.

Un peu plus loin se trouve l'escalier par lequel on descend dans la *chapelle de Sainte-Hélène ;* cet escalier a vingt-huit marches. C'est ici que la sainte impératrice se tenait en prières pendant qu'elle faisait chercher la croix de notre Sauveur : cette chapelle, qui appartient aux Arméniens, porte le caractère évident de la première architecture chrétienne ; elle forme un carré à peu près régulier, dont un des côtés peut avoir 15 mètres. En descendant treize autres marches, vers la droite, nos amis parvinrent dans la grotte profonde où la sainte Croix a été enfouie pendant trois siècles et où elle fut trouvée au milieu des acclamations de joie ; cette chapelle porte le nom de l'*Invention de la Sainte-Croix.*

Quand ils sortirent de ces deux chapelles souterraines, les pèlerins rencontrèrent immédiatement sur la gauche celle de la *Colonne d'Impropère (columna improperiorum).* Sur l'autel de cette petite chapelle, on voit un tronçon de la colonne de marbre gris qui se trouvait au prétoire, et sur laquelle Notre-Seigneur était assis quand il fut abreuvé d'injures par les soldats de Pilate. Ils vénérèrent ensuite la *pierre de l'Onction* où le corps du Sauveur fut lavé avant d'être mis dans le tombeau, et enfin le *saint Sépulcre*.

On monte sur le Golgotha par dix-huit marches taillées dans le roc. La surface du mont sacré présente une circonférence d'environ 60 pieds, elle est recouverte de marbre, de porphyre et de lames d'argent. Ce luxe était devenu une nécessité : lorsque le roc était entièrement nu, les pèlerins d'Asie en enlevaient toujours des parcelles et les emportaient dans leur pays. Ces pieuses dégradations auraient peut-être fini par détruire un lieu qui sera éternellement cher à la dévotion des fidèles.

Deux petits autels apparaissent sur le Calvaire : l'un, qui appartient aux Latins, marque la place où mourut le bon larron ; l'autre, dont les Grecs ont fait leur propriété, indique le lieu où le Sauveur rendit l'espri.

Ici encore les enfants se mirent à genoux, et, chacun d'eux passant successivement le bras droit dans le trou où la croix du Messie fut plantée, ils éprouvèrent la plus violente émotion qu'ils aient jamais ressentie jusqu'alors.

Tout près du trou où la croix fut plantée, commence une fente large et profonde, qui descend dans le rocher jusqu'au bas du Calvaire. La tradition nous dit que c'est là un des rochers qui se fendirent à la mort de Jésus-Christ.

— Levez-vous, mes amis ! leur dit enfin le Frère, il est temps de continuer le douloureux pèlerinage.

Et il leur fit voir encore, à côté du Calvaire, mais en dehors de l'église, la chapelle de *Notre-Dame-des-Douleurs*. Ils y montèrent par un petit escalier qui est à droite de la grande porte d'entrée. C'est là que se tenait la sainte Vierge, avec saint Jean et les saintes femmes, pendant que l'on crucifiait notre Sauveur, et c'est de là qu'elle est allée sous la croix avec le disciple bien-aimé, quand les bourreaux se furent éloignés.

Charles et ses compagnons récitèrent à haute voix le *Stabat Mater dolorosa;* puis, après avoir selon l'usage, ôté leurs chaussures, ils se rendirent au saint Sépulcre.

Le tombeau du Sauveur n'est qu'à quelques pas du Calvaire ; il est tout à fait placé sous la coupole de l'église ; sa forme est oblongue, on dirait un catafalque. Il est en marbre gris, une croix apparaît à son sommet.

Les pèlerins entrèrent par une porte basse et aperçurent tout d'abord le pilier qui marque la place de l'ange qui annonça aux saintes femmes la résurrection de Jésus-Christ ; deux ou trois pas plus loin, est la petite chapelle du Sépulcre. La voûte et les parois sont revêtues de marbre, ainsi que le tombeau. De nombreuses petites lampes en or et en argent y brûlent nuit et jour, alimentées par l'huile de Gethsémani.

Les quatre voyageurs se rendirent ensuite dans la petite église des Franciscains, où ceux-ci font leur office. C'est la chapelle de l'*Apparition*, parce qu'on croit que ce fut en ce lieu que Notre-Seigneur apparut à la sainte Vierge après sa résurrection.

Plusieurs Pères de l'Église ont cru que la divine Mère n'avait pas quitté les environs du tombeau de son Fils jusqu'au moment de la résurrection, dont elle a été témoin. Ne pouvant approcher du saint Sépulcre à cause des gardes qui l'environnaient, elle se tenait à une petite distance, où se retrouve aujourd'hui la chapelle et où l'on croit que devait être la maison de Joseph d'Arimathie. C'est là que se rendait autrefois le patriarche de Jérusalem, dans les cérémonies saintes, pour entonner le cantique d'allégresse à la Reine du Ciel :

Regina Cœli lætare, alleluia !

Tels sont les sanctuaires que renferme l'église du Saint-Sépulcre.

Après les avoir vénérés de toute l'ardeur de leur foi et de toute la ferveur de leur piété, les pèlerins se retirèrent pour quelques heures ; mais, comme ils désiraient faire leurs dévotions dans la chapelle du Saint-Sépulcre, ils se disposèrent à passer dans l'église une partie de la nuit suivante, parce que les offices commencent à minuit et se suivent d'après les différents rites : la porte extérieure ne s'ouvre qu'à cinq ou six heures du matin.

Les Pères Franciscains leur firent partager leur repas du soir; cette maigre pitance leur parut excellente, tant ils étaient heureux de manger en compagnie de ces bons religieux, si gais, si saints, si dévoués.

Après le souper, les Pères, qui devaient se lever au milieu de la nuit, et trois des jeunes gens étant allés prendre un peu de repos, Charles descendit sans bruit le petit escalier de bois qui conduit à la chapelle. Il se trouva bientôt sous les voûtes obscures et silencieuses de la vaste basilique et se dirigea d'abord vers le saint Sépulcre. Les lampes éternelles y jetaient le plus vif éclat; on eût dit que l'ange en gardait encore l'entrée. Avec quel saisissement Charles y fit sa prière!...

Il parcourut ensuite les nefs de l'église ; il était seul, l'obscurité était profonde, quelques lampes brûlaient sur le Calvaire, et leur lueur vacillante se perdait sous les immenses coupoles, jetant une tremblante clarté sur les galeries et les colonnes qu'elle dessinait faiblement dans l'épaisseur des ténèbres.

Charles fit les stations du chemin de la Croix, puis il descendit dans la grotte où fut trouvée la sainte Croix ; ensuite il se dirigea vers le Calvaire. Une forme à genoux se dessinait dans la nuit, il s'approcha doucement et confondit un instant ses prières et ses larmes avec celles de cet inconnu qui, comme lui, était venu chercher l'isolement et le silence pour pleurer et prier sur le tombeau du Christ.

Neuf heures sonnaient quand il alla rejoindre ses frères qui dormaient déjà profondément dans leurs petites cellules.

Vers minuit, tous les quatre se levèrent pour venir à la messe. On se figure aisément ce qu'ils durent éprouver en assistant aux saints mystères célébrés sur la sépulture même de Jésus-Christ.

Alors ce tombeau n'est plus séparé de Sa Victime, et l'on croit assister, avec Joseph d'Arimathie et les saintes femmes, à la cérémonie funèbre où Jésus fut déposé dans le sépulcre. Mais ce n'est plus Jésus sous les enveloppes de la mort, c'est Jésus ressuscité et sous la forme mystique de l'Eucharistie.

CHAPITRE XIV

Les jeunes voyageurs avaient satisfait leur pieuse impatience de saluer les lieux si chers à tous les chrétiens. Depuis plusieurs jours ils renouvelaient, chacun selon sa dévotion et son attrait, leurs visites aux divers sanctuaires. Mais, avant de la quitter, ils voulaient étudier une ville où tant d'autres monuments sacrés et profanes excitaient à un haut degré leur curiosité et leur intérêt.

Dès leur arrivée à Jérusalem, ils avaient constaté que la ville est assise sur un terrain fort inégal, dont la principale inclinaison va du nord-ouest au sud-est. Entourée de trois côtés par de profondes ravines, elle forme comme une presqu'île qui ne tient à la terre que par le nord-ouest. Elle est bâtie sur trois collines : Sion, la plus élevée (c'est la haute ville), Acra (la basse ville) et Moriah ou la colline du temple.

Ce fut sur le mont Sion que s'éleva le palais de David. La citadelle est encore aujourd'hui le point le plus fort de la ville ; elle est entourée de fossés et de hautes murailles ; il s'y trouve une partie de la garnison turque.

C'est aussi sur le mont Sion que Salomon avait fait bâtir cette maison merveilleuse en bois du Liban, toute resplendissante de richesses et de beautés. C'est là qu'il rendit ses célèbres jugements, et qu'il reçut la reine de Saba.

Le mont Sion fut appelé ville de David, et ce nom a servi souvent à désigner Jérusalem.

De nombreux édifices s'élèvent actuellement sur le mont Sion : ils appartiennent aux Syriens, aux Arméniens, aux protestants. Tous les bâtiments situés à l'extrémité méridionale de Sion, qui ont été construits par les catholiques, possédés par nos religieux pendant trois siècles et demi, et dont l'emplacement avait été acheté par eux au Sultan d'Égypte, occupent des lieux consacrés par les plus saints mystères. C'est là que Jésus institua l'Eucharistie, qu'il lava les pieds à ses disciples, qu'il prédit à saint Pierre qu'il serait renié par lui. C'est là qu'il apparut à ses disciples le jour même de sa Résurrection, et, huit jours après, quand il fit toucher ses plaies à saint Thomas. C'est là enfin que le Saint-Esprit descendit sur les Apôtres.

On croit encore que c'est en ce même lieu que fut institué le sacrement de la Confirmation, que

Vallée de Josáphat.

saint Jacques le Mineur fut consacré évêque de Jérusalem, que saint Mathias fut désigné par le sort, saint Etienne et les six autres diacres furent choisis, et enfin que les Apôtres se séparèrent pour aller prêcher l'Évangile par toute la terre.

Hélas! le Cénacle est aujourd'hui converti en mosquée! Nos amis, en le visitant, étaient suivis par huit ou dix Turcs, ce qui donnait à Georges de terribles impatiences. Néanmoins il fit tranquillement sa prière aux lieux désignés comme ayant été marqués par quelque événement religieux.

La maison où vécut la sainte Vierge, après la descente du Saint-Esprit, était attenante au Cénacle, et tout auprès il y avait une petite chapelle dans laquelle saint Jean célébrait pour elle les saints mystères.

Le lieu où l'on croit que les Juifs voulurent s'emparer du corps de la sainte Vierge, quand les Apôtres le portaient dans la vallée de Josaphat, se trouve vers le penchant oriental du mont Sion, tout près de la caverne où saint Pierre pleura son péché : on y avait construit une chapelle, mais elle n'existe plus. Sur le mont Sion, plus que partout ailleurs, il y a des ruines, mais elles sont chères aux chrétiens. Les corps de saint Etienne, de Gamaliel, de Nicodème et d'Abibas ont été transportés sur le mont Sion dans la plus ancienne église de Jérusalem, puis en différents autres lieux. Il y a encore sur le mont Sion d'autres tombeaux beaucoup plus anciens, c'est-à-dire ceux de David et de Salomon.

Après avoir beaucoup vu et beaucoup interrogé, nos voyageurs rentrèrent en ville par la porte de Sion et ne tardèrent pas à se trouver vis-à-vis du quartier des Juifs. Une quantité de misérables cabanes en terre étaient adossées au pied des murailles : « Ce sont des huttes de lépreux, dit le guide. Elles sont toujours habitées par une trentaine de ces malheureux, hommes, femmes et enfants. La lèpre s'est toujours conservée en Orient. Peut-être avez-vous remarqué les *léproseries* des environs de Constantinople, dans le cimetière de Scutari.

Arrivés au pied du mont Sion, ils se trouvaient près du mont Moriah, autre colline célèbre entre tous les lieux qui ont été consacrés par la présence de l'Éternel.

C'est sur le mont Moriah que Salomon avait fait élever au vrai Dieu ce temple fameux qui fut considéré comme l'une des merveilles du monde ancien. Quatre cent vingt ans plus tard, il fut réduit en cendres par Nabuchodonosor, et les Juifs emmenés en captivité à Babylone.

Après soixante-dix ans de captivité, Cyrus leur ayant permis de rebâtir leur temple, ils revinrent à Jérusalem sous la conduite de Zorobabel et se mirent courageusement à l'œuvre. La dédicace de ce temple se fit au milieu des pleurs des vieillards,

qui comparaient le nouvel édifice à celui de Salomon, et des cris de joie des jeunes gens, heureux d'avoir élevé au Seigneur une demeure sainte.

Ce temple subsista jusqu'à la dix-huitième année du règne d'Hérode, dix-neuf ans avant l'ère chrétienne, c'est-à-dire durant quatre cent quatre-vingt-dix-sept ans.

Ce prince, voulant faire une chose agréable aux Juifs, fit reconstruire avec une grande magnificence le temple de Zorobabel. L'esplanade fut encore agrandie, et toute la montagne entourée d'une triple enceinte de murailles. Mais c'est de ce temple que Jésus avait prédit la ruine, et il fut détruit de fond en comble soixante-dix-sept ans après sa reconstruction.

Aujourd'hui, au milieu de la vaste esplanade se trouve la très belle mosquée d'Omar, devenue pour les musulmans presque aussi sacrée que celle de Médine et de la Mecque.

La mosquée el-Aksa, qui est au sud de la précédente, conserve encore aujourd'hui la forme d'une église chrétienne ; elle avait été bâtie en l'honneur de la sainte Vierge et appelée église de la Présentation, parce que c'est là que les parents de Marie l'avaient offerte au Seigneur quand elle n'avait que trois ans.

Avant de quitter l'emplacement du temple, les enfants parlèrent du martyre de saint Jacques.

— C'est ici, raconta Charles, qu'on le fit monter

afin qu'il fût entendu de tout le monde, puis on lui cria : « Dites-nous, homme juste, ce que nous devons croire de Jésus qui a été crucifié ; car il fau. que nous, tant que nous sommes, nous suivions ce que vous direz. » Saint Jacques répondit aussitôt à haute voix : « Jésus, le fils de l'homme dont vous parlez, est maintenant assis à la droite de la Majesté souveraine comme fils de Dieu, et doit venir un jour, porté sur les nuées du ciel. »

Un grand nombre de ceux qui étaient présents crièrent : « Hosanna! » et rendirent gloire à Jésus. Mais les pharisiens crièrent de leur côté : « Quoi, le juste s'égare aussi ! » Et, se saisissant du saint apôtre, ils le jetèrent du haut du temple. Il ne fut pas tué par cette chute; il se releva, mit un genou en terre, et demanda à Dieu pardon pour ses ennemis. Ceux-ci, voyant qu'il vivait encore, le lapidèrent.

Le mont Moriah, à la suite de toutes les destructions qu'il a subies, est aujourd'hui tellement couvert de décombres qu'il faut creuser à une profondeur de quarante et cinquante pieds pour retrouver l'ancienne surface de la montagne. Aussi, après les grandes pluies, les amateurs d'antiquités vontils sur ses flancs, du côté de la vallée de Josaphat, chercher des médailles et des monnaies anciennes.

Il restait à visiter l'immense quartier des musulmans, qui comprend, outre les dépendances de la mosquée d'Omar, le mont Acra et la partie centrale de la ville, terminée à peu près par les anciens murs.

La *voie douloureuse* traverse par le milieu tout ce quartier, dans lequel on ne trouve plus rien qui mérite l'attention, si ce n'est le grand bazar, quelques bains publics et l'hôpital de Sainte-Hélène qui est presque tout en ruines.

Ce quartier, à cause de son étendue, est désert. Nos amis se trouvaient à peu près seuls à parcourir ces rues tristes et sombres. En traversant celle qui conduit de la porte judiciaire au grand bazar, ils entrèrent dans le quartier des chrétiens.

Tout près de l'église du Saint-Sépulcre se trouve la *prison de saint Pierre*, d'où il sortit miraculeusement sous la conduite de l'ange.

En revenant vers le nord, ils s'arrêtèrent un instant devant l'église de Saint Jean. C'était la maison de cet évangéliste et de Zébédée son père.

L'espace qui s'étend au delà est occupé par un vaste jardin et par les ruines du palais des chevaliers de Saint-Jean.

La rue qui va du nord au sud, en coupant celle qui vient de la porte de Jaffa ou rue David, s'appelait jadis rue des Bains-du-Patriarche, à cause de la grande piscine d'Ezéchias qui s'y trouve.

C'est à l'extrémité de la rue, au nord de l'église du Saint-Sépulcre, qu'était la demeure des patriarches au temps des croisades. Ce bâtiment est appelé aujourd'hui par les Arabes el-Chânkeh.

Les voyageurs avaient vu maintenant ce qu'il leur importait de voir. Rentrés dans leurs cellules, Alfred et Maurice furent heureux d'y trouver un peu de fraîcheur et de repos, mais Georges déclara qu'il allait continuer ses promenades en ville, au clair de la lune, et Charles, avant de se coucher, voulut inscrire sur ses tablettes les événements de la journée. Après les avoir mentionnés rapidement, il termina par les réflexions suivantes sur la physionomie de Jérusalem :

« J'ai parcouru les rues de cette malheureuse ville à toutes les heures du jour et de la nuit, et toujours elle m'a inspiré le même malaise, la même tristesse.

« Les rues sont étroites, souvent voûtées et obscures, toujours sombres et en grande partie désertes. Les relations sont rares, les transports coûteux, le commerce est nul : il n'y a aucun luxe, ni dans les maisons, ni dans l'ameublement, ni dans le costume, ni dans la table. Nous savons ce qu'il en coûte, mes camarades et moi, pour avoir du pain à Jérusalem ; et nous pourrions en dire autant de toutes les choses les plus nécessaires. — Que de fois n'en avons-nous pas été réduits, dans ces contrées, aux ingénieuses ressources de Robinson ! Personne ne sait en Europe la distance qu'il y a entre une poignée de blé et une brioche. Il peut venir l'apprendre dans ce pays où il n'y a ni courant d'eau, ni moulin à vent pour moudre le blé, ni boulanger, ni instrument quelconque : c'est l'antiquité la plus reculée prise sur le fait. On mange par terre, avec les doigts, des mets apprêtés comme au temps de Jacob. Pourtant, à Jérusalem, on a des moulins à ânes et des fours, choses rares qui ne se trouvent que dans les villes.

« J'ai vu hors de Jerusalem des Bédouins qui préparaient du pain : c'était une scène de la Genèse. Deux femmes, en chantant, avaient écrasé l'orge entre deux pierres : elles avaient fait tourner la meule de dessus avec un morceau de bois. La farine ainsi obtenue fut pétrie avec un peu d'eau, qu'une fille était allée chercher fort loin dans une outre. En attendant, on avait chauffé le four avec du fumier de chameau. Ce four n'était qu'un vaisseau de terre plat, sur lequel on étendait les galettes ; on mit par dessus une plaque en fer qui fut recouverte de cendres chaudes, et, en peu d'instants, nous mangeâmes un pain pareil à celui que Sara avait préparé pour les anges.

« Mais je reviens à Jérusalem. Les toits des maisons sont des terrasses ; ils ne sont pas entièrement plats comme dans le nord de la Syrie, mais un peu élevés au milieu, de sorte que chaque maison est surmontée d'un petit dôme d'environ 2 mètres d'élévation. C'est là qu'on va prendre le frais, qu'on se retire quand on veut être seul, que l'on couche pendant la belle saison.

« Le pavé des rues est extrêmement glissant, il

est dangereux de les parcourir à cheval. Des chiens vagabonds errent dans la ville, et beaucoup de mendiants sollicitent la charité des passants.

« Tous ces débris de vingt peuples différents de race et de religion, qui forment la population de Jérusalem, vivent séparés les uns des autres, hostiles, défiants, jaloux. Il n'y a du reste aucun lien possible entre une population nomade, sans cesse renouvelée par les pèlerinages, par la peste, par les oppressions. Au bout de quelques années l'Européen meurt ou retourne en Europe ; les pachas et leurs gardes vont à Damas ou à Constantinople, et l'Arabe au désert.

« Jérusalem n'est qu'un lieu où chacun vient poser sa tente, mais la ville de David n'a plus de peuple. »

Charles en était là de sa prose, quand il entendit à la porte de la *casa nuova* des coups redoublés, accompagnés de furieux aboiements.

— Georges court quelque danger, se dit-il aussitôt ; et, jetant sa plume, il courut à la porte. La clef avait été enlevée, il fallait attendre l'arrivée du Frère portier.

— Ouvrez vite, ouvrez donc ! criait Georges de l'extérieur.

Charles courut à la loge du portier qui n'entendait rien et continuait à dormir.

D'un regard anxieux, il fit l'inspection de la chambre et aperçut bien vite la grosse clef, qu'il

saisit fiévreusement, sans prendre le temps d'éveiller le Frère, et se précipita vers la porte.

Le silence s'était fait, Georges n'appelait plus.

Charles, d'une main tremblante, posa la clef dans
la serrure et ouvrit.

— Qu'y a-t-il au nom du Ciel ? demanda-t-il en
voyant son frère.

— Oh ! rien de très grave, répondit celui-ci
d'un air enjoué, mais il m'est arrivé une sotte
aventure, qui a failli tourner fort mal.

Par la nuit noire qu'il fait, depuis une demi-
heure que la lune a jugé bon de se coucher, j'ai
dû m'avancer en tâtonnant, sans trop savoir où je
posais le pied, et ne voilà-t-il pas que j'ai eu le
malheur de marcher sur la queue d'un chien couché au milieu de la rue. Il aboya très fort et se
mit à ma poursuite ; en un moment, une douzaine
d'autres se joignirent à lui et m'accompagnèrent
jusqu'au couvent. L'esprit de corps est souvent
une fort belle chose, mais il est quelquefois très
injuste, témoin ma mésaventure. J'aime les chiens,
mais ils ont failli me faire un mauvais parti.

— Est-ce qu'ils faisaient mine de vouloir te
dévorer ? dit Charles en riant.

— Ils n'avaient pas précisément des airs bien-
veillants, mais le danger immédiat n'était pas de ce
côté.

— Comment cela ?

— Je risquais d'être pris, garrotté, mis en prison,

que sais-je ? Pendant que je frappais à la porte du couvent de façon à faire comprendre que j'avais hâte d'y entrer, j'entendais les pas précipités de plusieurs chevaux qui montaient la rue... mes chiens avaient donné l'éveil : ce devait être une patrouille. Or j'étais en double contravention ; je n'avais pas de lanterne, et j'avais maltraité des chiens, car ils déposaient contre moi, et sans aucun doute leur témoignage eût prévalu sur le mien. Heureusement, ils ont eu peur de la patrouille, eux aussi, et se sont sauvés. J'ai été tenté d'en faire autant, mais je sais qu'on n'avance pas ses affaires par la fuite. Je suis resté collé contre la porte. Les soldats sont passés sans m'apercevoir et courent encore...

Là-dessus, Georges, complètement remis de son agitation, souhaita le bonsoir et se retira dans sa cellule, avide d'un repos qu'il avait, pensait-il, bien gagné.

Charles reprit la plume, et ajouta quelques lignes encore aux réflexions que l'arrivée de son frère avait si malheureusement interrompues :

« Les environs de Jérusalem sont dévastés ; sur un sol stérile, blanchâtre et pierreux croissent, çà et là, quelques oliviers au pâle feuillage, quelques vignes et quelques figuiers. De pauvres champs de blé s'offrent aux regards, mais ils sont loin de fournir à la ville son alimentation. Le mont des Oliviers est le seul point des environs de Jérusalem qui offre un aspect riant et gracieux. Cette montagne, du haut de laquelle le Sauveur remonta aux cieux quarante jours après sa résurrection, apparaît à un quart de lieue de Jérusalem ; son versant occidental forme, avec le versant oriental du mont Sion et du mont Moriah, la vallée de Josaphat, où tous les hommes seront jugés au dernier jour du monde. Rien ici ne rappelle les idées de deuil et de lamentation ; ce ne sont plus les larmes, la douleur et la mort, mais la splendeur et la gloire du Fils de l'homme. Quand on arrête ses regards sur les oliviers, les figuiers, les vignes, l'herbe verdoyante qui couvre la montagne sainte, on se dit que l'Homme-Dieu a dû la choisir pour y accomplir le miracle de son Ascension. »

Dix minutes après, le jeune chef d'expédition s'endormait dans une des cellules de la *casa*. Les hurlements des chiens ne s'étaient pas renouvelés, et cependant Charles se réveilla plus d'une fois. Son cœur se troublait à la pensée du départ décidé pour le lendemain. Cependant leur séjour dans la ville sainte s'était prolongé au-delà des limites qui avaient été fixées d'abord, et d'ailleurs, après Jérusalem, Bethléhem attirait les voyageurs.

CHAPITRE XV

Il n'y a que deux lieues de Jérusalem à Bethléhem, et le chemin est très bon, si on le compare aux autres de la Palestine. C'était une des cinq routes royales qui conduisaient à Jérusalem ; elle était autrefois pavée, bordée de jardins, de vignes et de roses, et les anciens auteurs la comparent au Paradis. Nos amis ne retrouvèrent rien de tout cela, mais n'en parcoururent pas avec moins de bonheur ce chemin béni qui conduit à la crèche de Jésus-Christ. Jacob, David, les Mages, la sainte Vierge, saint Joseph et le Sauveur lui-même n'ont-ils pas suivi ce même chemin ?

A moitié de la route, entre Jérusalem et Bethléhem, il trouvèrent le puits des *Trois-Rois*. C'est là que l'étoile apparut de nouveau aux Mages, et qu'à sa vue ils furent transportés d'une grande joie.

A la droite du chemin, les voyageurs remarquèrent le rocher sur lequel le prophète Élie s'est couché lorsque, fuyant la colère de Jézabel, il vint dans les déserts de Juda.

— Bethléhem, Bethléhem ! cria à ce moment Alfred qui avait précédé la caravane de quelques pas.

Un beau village, situé au cœur même des montagnes de la Judée, apparaissait, en effet, assis sur une petite colline en pente douce et presque entièrement couverte d'arbres fruitiers. Au milieu des champs et des prairies paissaient des troupeaux de vaches et de brebis.

Georges désigna à l'attention de ses camarades un monticule qui porte le village de Beit-Saour ; c'est là que Booz avait son aire et le champ d'épis où vint glaner Ruth.

Après avoir contemplé un instant tout ce petit pays, les pèlerins s'acheminèrent lentement vers la ville. Ils furent surpris en arrivant de voir les maisons construites en belles pierres et les rues propres, animées. Des gens allaient et venaient à la physionomie intelligente et ouverte. Nulle part en Asie on ne rencontre une aussi belle race d'hommes que les Bethléhémites : ils sont grands, robustes, bien faits ; l'expression de leur visage est noble et belle. Il y a dans leur maintien et dans leur regard quelque chose de fier et d'indépendant.

Les enfants, comme jadis les Mages, se dirigèrent aussitôt *vers le lieu où l'étoile s'était arrêtée.*

Ils furent reçus avec une bonté touchante par le

Père gardien auquel ils témoignèrent aussitôt le désir de voir la grotte de la Nativité. Le Père leur donna à chacun un cierge allumé, et les jeunes gens le suivirent. Il était près de trois heures, la procession allait avoir lieu, comme cela se pratique dans tous les couvents de terre sainte. Les pèlerins se joignirent aux Pères, et l'on se rendit d'abord à l'église de Sainte-Catherine. C'est la chapelle du couvent où se font les offices, et c'est en même temps l'église paroissiale de la communauté catholique de Bethléhem. C'est là qu'ont dû se réfugier les catholiques depuis qu'ils sont dépossédés de la magnifique église qui était autrefois leur cathédrale.

De là, la procession descend dans la grotte de la Nativité. Elle a 12 mètres de long, sur 6 de large, mais elle se rétrécit vers le fond; sa hauteur est de 10 pieds. La voûte et les parois ont été taillées sans doute quand on les a revêtues de marbre. On y descend par un escalier de quinze marches. C'est dans la partie orientale qu'est le sanctuaire de la Nativité. Le rocher est un peu arrondi et tout recouvert de marbre blanc; le pavé, aussi couvert de marbre, est incrusté de jaspe et de porphyre. Au milieu une étoile d'argent porte ces mots: *Hic de Virgine Maria Jesus Christus natus est.*

Les enfants se prosternèrent, heureux comme on ne peut l'être que là.

Trente-deux lampes brûlent continuellement dans

la chapelle, et jettent sur la crèche du Sauveur une douce clarté, car, à trois pas de là, se trouve une excavation carrée, recouverte d'un marbre blanc, indiquant la place où était la crèche. La véritable a été transportée à Rome dans l'église de Sainte-Marie-Majeure. A côté de la crèche, un autel marque l'endroit où se tenaient les Mages en adorant Jésus-Christ. C'est là qu'ils offrirent leurs présents à l'Enfant-Dieu, couché dans cette crèche plus glorieuse que les trônes des rois. Là étaient Marie et Joseph contemplant le petit Enfant enveloppé de langes ; là encore étaient les bergers à qui l'ange avait dit : « Gloire à Dieu et paix aux hommes ! » Et dans la crèche, où reposait sur un peu de paille le Seigneur des seigneurs, mangeaient le bœuf et l'âne qui avaient porté la sainte famille de Nazareth à Bethléhem.

Après avoir satisfait leur piété et leur amour envers le divin Enfant et sa Mère, les jeunes pèlerins continuèrent la visite des sanctuaires.

En suivant les corridors souterrains on trouve à droite une petite chapelle dédiée à saint Joseph. Dans une grotte, à côté, est la chapelle des Saints-Innocents, et plus loin la caverne où saint Jérôme s'était retiré pour prier et pour écrire ses livres immortels. Son tombeau est placé dans une chapelle voisine, et, vis-à-vis, celui de sainte Paule et de sainte Eustochium, qui, elles aussi, ont vécu et sont mortes auprès de la crèche du Sauveur.

Tels sont les lieux qu'on vénère dans les souterrains de Bethléhem.

Les pèlerins remontèrent ensuite dans l'église
qui est au dessus et visitèrent en détail ce superbe
édifice, autrefois bâti par la princesse Hélène et
dédiée à sainte Catherine. Il a été spolié par les
Grecs schismatiques.

La grande nef de la basilique, abandonnée, offre
deux rangs de colonnes corinthiennes dont les fûts
sont tous d'une seule pièce. La nef a une voûte en
bois de cèdre qu'on n'a jamais achevée, de sorte
que le reste de l'église, en forme de croix, est
sans voûte : de l'intérieur on voit la charpente. Sur
les murs il y avait de belles peintures, des inscriptions et des mosaïques ; on en trouve encore des
restes.

Ce splendide monument est renfermé dans la
vaste enceinte du beau couvent de Bethléhem. Celui-
ci, flanqué de grandes tours crénelées, ressemble à
une citadelle, et c'est par une petite porte basse,
donnant dans l'église, que les pèlerins y. rentrèrent lorsqu'ils eurent achevé leur longue et
minutieuse visite.

Le lendemain matin, après avoir assisté à la messe
dans la grotte de Saint-Jérome, et fait une visite à
la crèche de Notre-Seigneur, les pèlerins se remirent
en route pour les déserts de Bethléhem et de
Théma.

Ils se dirigèrent vers le sud-est et descendirent

le long des vallées qui devenaient de plus en plus
profondes : le pays prend un caractère plus sévère.
Après avoir gravi un mont escarpé, ils se trouvèrent
en face des montagnes de Moab. Plus élevées que
celles de la Judée et vues à distance, elles
paraissent comme une terre élevée et continue,
bien qu'elles soient profondément déchirées sur les
pentes qui tombent dans la mer Morte. La teinte
violacée qui leur est propre était ce jour-là d'une
inexprimable douceur, et l'immobilité saisissante
du désert dominait les enfants pensifs et silencieux.

Quand ils eurent traversé plusieurs collines et
plusieurs vallées rocailleuses, bouleversées et cre-
vassées en tous sens, ils arrivèrent au bord d'un
précipice affreux, au fond duquel roule, dans la
saison des pluies, un torrent qui porte ses eaux à
la mer Morte. A gauche, des citernes et des ruines,
des cavernes, dont personne n'a jamais sondé la
profondeur, s'ouvrent à des hauteurs diverses, et
augmentent l'effroi qu'inspire le lieu où règne une
éternelle horreur.

— Halte-là! mes amis, cria Alfred, secouant
par un mouvement de tête expressif les pensées
qui l'absorbaient. Que sommes-nous venus faire
ici, s'il vous plaît ?

— Visiter une de ces cavernes : nous sommes,
si je ne me trompe, à l'entrée, ou peu s'en faut, du
fameux *Labyrinthe*, répondit Charles ; c'est ici que
David fuyant la colère de Saül a trouvé un refuge.

C'est dans cette même caverne que Saül fut un instant au pouvoir de David, qui refusa de lui faire aucun mal, et se contenta de couper secrètement le bord de son manteau. Bien d'autres après David se sont cachés dans ces mystérieuses cavernes, mais j'ai lu que l'entrée en est très difficile, et, si vous le voulez bien, nous allons immédiatement tâcher de la découvrir.

Comme il achevait ces mots, Charles vit sortir d'une autre caverne voisine deux Bédouins armés de longs fusils.

— Voilà des guides tout trouvés, dit-il.

En effet, les Arabes s'avançaient vers les jeunes gens et leur faisaient signe de les suivre dans le Labyrinthe.

Le marché fut bientôt conclu, et les Bédouins, suivis des quatre explorateurs, se mirent à escalader les bloc de rochers qui leur barraient le passage. Mais, quand ils arrivèrent au bord du dernier précipice qui les séparait de l'entrée, nos Parisiens hésitèrent.

— Ces Bédouins sont fous, s'écria Charles ; il n'est pas possible de sauter à pieds joints par-dessus cet abîme : un faux pas nous perdrait.

— Ce n'est pas moi qui reculerait, murmura Georges, mécontent de l'irrésolution de ses camarades.

Tout à coup les guides, qui n'avaient rien compris à ce débat, se retournèrent et d'un mouvement

rapide saisirent, l'un, Maurice, et l'autre, Alfred.
Avant que Charles ait pu achever un cri d'effroi,
ils avaient d'un bond franchi le périlleux espace.

Georges alors recueillit ses forces, et sauta.
Charles, confus d'être le dernier, s'élança à son
son tour et glissa, après les autres, dans l'ouver-
verture basse qui sert d'entrée à la caverne.

Au delà se trouvaient plusieurs corridors qui
tous aboutissent, par différents détours, à une vaste
salle dont la voûte est très élevée. On y remarque
comme des portes taillées dans le roc, des piliers,
des colonnades, des citernes. Tout cela est si
régulier qu'on serait tenté de croire que c'est
l'ouvrage des hommes.

— Allumons des flambeaux ! dit Maurice que
l'obscurité paraissait inquiéter beaucoup.

Toutes les histoires de revenants, de cavernes
de voleurs, de vieux châteaux hantés par les
esprits, qu'il avait entendues dans sa vie, lui reve-
naient à la mémoire. Ce fut bien pire quand la
lumière des torches projeta dans le chaos qui les
environnait une lueur incertaine, vacillante. Des
figures bizarres, fantastiques, grimaçantes semblaient se détacher de la voûte et des parois,
s'animer, se tordre, osciller, protester contre la
lumière et réclamer le silence et la nuit,

— Si nous remontions, hasarda encore Maurice.
Trois voix répondirent par une énergique protestation.

Chacun des Bédouins prit un flambeau d'une main, un pistolet de l'autre, et tous deux firent minutieusement l'inspection des lieux. Quand ils furent assurés que, dans les derniers recoins, il n'y avait pas de bêtes fauves, ils conduisirent les excursionnistes près d'une ouverture si basse qu'il fallait ramper pour y passer. L'un d'eux entra le premier, Georges s'élança à sa suite, puis l'autre Arabe s'y engagea, faisant signe à Alfred, à Maurice et à Charles de le suivre à leur tour.

Ceux-ci, pris d'une terreur soudaine, n'eurent pas le courage de changer de place.

Cependant Georges, entre ses deux Arabes, avançait toujours, et l'on ne tarda pas à arriver dans un endroit plus spacieux. Le jeune homme s'assit à terre et fit comprendre à ses guides qu'il fallait attendre le reste de la troupe : ils obéirent.

Au bout d'un instant Georges, ne voyant rien venir, appela ses camarades d'une voix joyeuse, comme s'il eût voulu dire :

— Voyez, j'ai mieux marché que vous !

Personne ne lui répondit ; il appela une seconde fois sur un ton plus sérieux.

Même silence.

Georges comprit seulement alors que ses compagnons l'avaient laissé venir seul et mesura d'un coup d'œil les conséquences d'une pareille lâcheté. Il se trouvait ainsi abandonné, dans les entrailles de la terre, avec deux Bédouins du désert qu'il n'avait jamais vus, et qui connaissaient seuls les détours de ce dédale. Ils étaient armés jusqu'aux dents, et Georges qui avait laissé ses armes à l'entrée du souterrain n'avait absolument rien pour se défendre. Il se dit bien que ses camarades l'attendraient sous les premières voûtes de l'entrée, mais, s'il ne revenait pas auprès d'eux, pourraient-ils venir le chercher dans un lieu qu'ils ne connaissaient pas?

Comment Charles, si bon, si prudent d'ordinaire, avait-il pu ne pas faire toutes ces réflexions?

Georges, lui, trouvait sa position fort peu rassurante et délibérait avec lui-même sur le parti à prendre. Rentrer au plus vite dans le trou par où il était venu ne lui eût servi de rien, et c'eût été montrer à son tour de la lâcheté devant des hommes qui la méprisent à bon droit et qui ont une haute estime d'un Franc.

— Rou, rou! (en avant, en avant!), dit-il en se retournant vers ses Bédouins. Et tous trois se remirent en marche.

Partout autour d'eux s'étalaient des crevasses, des enfoncements d'une profondeur effrayante que les torches des guides éclairaient d'une façon lugubre.

A mesure qu'ils avançaient, escaladant des rochers, glissant dans des puits, traversant vingt obstacles, Georges criait gaîment: *Rou, rou!* Et les Bédouins répondaient: —Bravo, signor, bravo!

Mais, quand ils souriaient, montrant ces dents blanches qui donnent aux Arabes une si singulière expression de férocité, Georges, malgré lui, sentait un frisson.

Et cependant il avait acquis la conviction que, loin de lui vouloir du mal, ils auraient exposé leur vie pour protéger la sienne.

Enfin, après avoir longtemps erré sous cette montagne, ils arrivèrent au bord d'un puits immense qui s'ouvrait à pic devant eux. Il n'y avait aucun autre passage. Les Bédouins s'arrêtèrent tout court et montrant l'abîme ils dirent : — Maphisch ! (il n'y a plus rien).

Georges en avait assez, bien assez. Il était tout mouillé, la sueur ruisselait sur sa figure : il faisait dans ce souterrain une chaleur extrême, et, du reste, il commençait à désirer très fort revoir ses compagnons. Il les retrouva où il les avait laissés, tranquillement assis, ne soupçonnant pas même que Georges eût pu courir quelque danger.

— Eh bien ! dit-il en les abordant, qu'eussiez-vous fait, si je n'étais pas revenu ?

— Personne ne reviendra jamais d'où Georges ne pourra pas revenir, dit Maurice avec emphase.

Le compliment avait touché juste et calmé le mécontentement du jeune homme.

Aidés de leur guides, ils sortirent tous comme ils purent de leur labyrinthe, et poussèrent un cri de joie en revoyant le soleil.

Sur la pointe d'un rocher voisin, un vieux Bédouin, dont la barbe blanche descendait sur la poitrine, regardait vaguement son vaste domaine. Appuyé sur son fusil et drapé dans son large manteau, ce roi du désert était vraiment superbe : il apparaissait dans toute sa majestueuse fierté. Charles s'approcha, et montrant l'horizon qui s'étendait devant eux :

— Tayeb ! dit-il.

— Tayeb ! (que c'est beau !), répondit le Bédouin avec une expression de féroce contentement ; et d'un geste il lui fit remarquer les horreurs du désert et les oiseaux de proie qui planaient sur les abîmes.

— Tayeb ! redit encore Charles; et ils se quittèrent enchantés l'un de l'autre.

— Oh ! oh ! cria Alfred qui avait entendu, tu parles arabe maintenant !

— Un peu ! répliqua modestement Charles, tout étonné lui-même d'avoir si bien dit.

Pendant ce temps la caravane s'était mise à l'ombre d'un rocher, et Charles trouva Georges faisant de grands gestes expressifs pour témoigner aux Bédouins sa satisfaction. Il leur donna les bakchis qu'ils avaient si bien mérités, et leur abandonna sa main qu'ils serrèrent énergiquement: ils la portèrent ensuite à leur cœur et à leur front, et l'on se sépara pour ne plus se revoir.

— On dit que les Bédouins sont pillards et voleurs?

dit Georges après leur départ, ceux-ci au contraire me font l'effet d'être de bien braves gens.

—Il y a des exceptions, reprit Charles, mais, en général, ils sont menteurs, inconstants, avides. Ce qui ne les empêche pas de pousser très loin le devoir de l'hospitalité. Leur caractère est un mélange de brigandage et de générosité ; ils sont sobres, infatigables, comme leurs chameaux. A des instincts atroces, le Bédouin joint les vertus que nous admirons dans les mœurs d'Abraham et de Jacob. Du reste, ses habitudes, ses mœurs ne varient pas : il ne change pas plus que le sable de son désert ou la couleur de son ciel. Insaisissable par sa vie vagabonde et ses éternels voyages, la civilisation ne peut l'atteindre. Les Bédouins que nous venons de voir prouvent cependant qu'ils ne sont pas inaccessibles aux sentiments généreux.

Il n'était pas neuf heures que la caravane était de retour à Bethléhem, faisant pour le lendemain de nouveaux préparatifs de voyage : on devait retourner à Jérusalem pour de là se diriger vers la mer Morte.

CHAPITRE XVI

DANS LEQUEL L'ÉRUDITION DE GEORGES DAVILLE COMME
GÉOGRAPHE SE RÉVÈLE D'UNE MANIÈRE INATTENDUE

Rien de plus triste en ce monde, de plus solitaire
et de plus isolé que la contrée qu'on parcourt de
Jérusalem à la mer Morte. C'est une suite non interrompue de collines inégales, basses, nues, déchirées en mille manières. On ne rencontre en chemin ni un village, ni une tente, ni une habitation
humaine. Aucune trace de végétation, pas un brin
d'herbe, pas un ruisseau. Rien ne repose l'œil le
long de ce chemin lugubre comme la mort.

Nos voyageurs étaient sortis de Jérusalem par la
porte Saint-Étienne et avaient traversé la vallée de
Josaphat, laissant à gauche le tombeau de la sainte
Vierge, le jardin de Gethsémani et, à droite, le tombeau d'Absalon et la fontaine Siloë.

Après une heure de marche, ils atteignirent

Béthanie, le village évangélique où vivaient Lazare, Marthe et Marie, ces doux amis du Sauveur.

On leur montra la grotte où Lazare fut enfermé durant quatre jours, et nos amis, en y descendant par les dix-huit marches taillées dans le roc., se souvenaient avec attendrissement de cette scène de la résurrection de Lazare, l'une des plus touchantes du Nouveau Testament.

Cette route, qui conduit à Jéricho, est toute remplie de souvenirs de l'Évangile et de l'Ancien Testament. Ici, c'est la *fontaine des Apôtres*, ainsi appelée parce que le Sauveur avait coutume de s'y reposer et de s'y désaltérer avec ses disciples, lorsqu'ils allaient de Jérusalem aux rives du Jourdain. Là est l'endroit où le Samaritain secourut le voyageur blessé. Les pèlerins silencieux se rappelaient cette belle page de l'Évangile, quand ils furent arrachés à leurs pensées par cette exclamation de Charles :

— Voilà la plaine de Jéricho ! Et, se souvenant d'une page lue autrefois avec enthousiasme, il ajouta en indiquant du doigt chacun des endroits mentionnés : « Cette ligne de verdure que vous apercevez là-bas, c'est le cours du Jourdain. Cette montagne qui apparaît au loin et qui s'élève vers le ciel, comme un dôme superbe, c'est le Nebo, où mourut Moïse en présence de la terre promise. Cette mer dont les flots immobiles reflètent comme un miroir les rayons du soleil, c'est la mer Morte : on dirait un lac d'argent parsemé de paillettes d'or, de perles, de corail et de diamants éblouissants. Quel tableau fantastique! Cette colline rocheuse, noire, dépouillée que vous voyez au nord, c'est la montagne de la quarantaine, où le Seigneur jeûna et pria pendant quarante jours et quarante nuits, et où son esprit fut assailli par le démon tentateur. Non loin de là est le lieu où l'aveugle de Jéricho, le pauvre mendiant Bartimée, fils de Timée, recouvra la vue par un miracle du Sauveur. Ce bouquet de verdure que vous apercevez là-bas, du côté de la tour de Jéricho, cache une source d'eau pure que les chrétiens entourent d'une grande vénération : c'est la fontaine d'Élisée.

Tout en causant ainsi, les voyageurs avaient gagné la misérable ville de Riha, bâtie sur l'emplacement de l'ancienne Jéricho, cette première ville du pays de Chanaan, prise par Josué, et dont les murailles s'écroulèrent au bruit des trompettes des enfants d'Israël.

Un grand bâtiment carré, qu'on nomme la *Tour* de Jéricho, est le seul qui rappelle un autre âge. Quelques soldats turcs chargés de maintenir l'ordre et la sécurité dans cette vallée de Jéricho, souvent infestée par les brigands, y ont établi leur poste d'observation.

La ville de Jéricho avait été reconstruite et était redevenue riche et prospère après que la Palestine eût été réduite en provinces romaines par Pompée.

Au temps de Jésus-Christ, qui y vint différentes fois, elle ne le cédait qu'à Jérusalem pour l'étendue, la magnificence de ses édifices et le nombre de ses habitants. Vespasien la détruisit pendant la longue guerre qu'il soutint contre les Juifs et qui se termina par la ruine de Jérusalem et du temple. Relevée de ses ruines après que l'empereur Constantin eut rendu la paix à l'Église, Jéricho fut le siège d'un évêché, mais au XIIe siècle les Musulmans renversèrent de nouveau cette cité qui ne s'est pas relevée depuis. A deux lieues à l'orient de Riha, coule le Jourdain.

Pleine de la pensée des grandes choses opérées sur cette plage, la caravane s'avançait, recueillie, à travers ces vastes solitudes. A chaque pas, ils sentaient augmenter leur impatience et battre plus violemment leur cœur. Déjà ils n'étaient plus qu'à une petite distance du Jourdain, que rien encore n'annonçait sa présence. Enfin, ils aperçurent des arbres de toute espèce, dont les cimes s'élevaient au-dessus d'un petit vallon qui serpentait comme un fleuve dans la plaine ; un bruit léger se fit entendre, c'était le murmure des eaux.

Ils s'approchèrent et du haut du rivage virent couler au milieu des joncs une rivière de soixante pas de largeur, dont les eaux, légèrement troubles, ne permettaient pas à l'œil de sonder la profondeur. Des saules, des tamarisques, des acacias formaient un dôme de feuillage au-dessus de ces

ondes sacrées qui se sont ouvertes devant l'arche
du Seigneur et qui ont coulé sur le front de Jésus-
Christ.

Les jeunes gens s'agenouillèrent sur les bords
du *fleuve de Dieu*, et y firent une longue prière.

Ils descendirent ensuite dans le fleuve, et là, au
milieu de ces eaux où Jésus-Christ a été baptisé,
tous quatre renouvelèrent à haute voix les pro-
messes de leur baptême.

— Jurons ici, dit Charles d'une voix vibrante,
jurons tous que nous voulons vivre et mourir en
chrétiens !

— Nous le jurons! s'écrièrent les enfants; et
l'écho des montagnes répéta leur serment.

Ils étaient sortis de l'eau et se reposaient sous
un saule du rivage; Charles seul essayait de nager
dans le courant rapide. Mais il n'était pas encore
au milieu du fleuve qu'il se sentit violemment
emporté, avec une vitesse extrême, vers un gouffre
qui se trouvait un peu plus bas.

Du rivage, ses camarades virent le danger qu'il
courait, et se mirent à jeter des cris de détresse ;
ils voulaient tous se jeter à la nage pour essayer
de lui porter secours, mais Charles leur fit signe
de le laisser faire et par un effort désespéré réussit à gagner des roseaux, où il put se retenir.

Ensuite, nageant le long du bord, s'accrochant
aux branches et aux racines, il remonta jusqu'à un
endroit où le courant est beaucoup moins fort.

Parvenu ainsi au milieu du Jourdain, il voulut essayer
encore de le traverser, mais il fut de nouveau
entraîné assez loin, ce qui l'empêcha de gagner
l'autre rive. Il revint donc auprès de ses amis après
une demi-heure passée dans l'eau.

— Quelle inquiétude tu nous as donnée, dit
Alfred d'un ton de reproche.

— Mais je suis bon nageur! protesta Charles, et
j'étais si heureux de me trouver au milieu de ces
eaux tant de fois célèbres.

— Le Jourdain, expliqua Georges, est le seul
fleuve de la Palestine. Il a trois sources dans
l'Anti-Liban: le *Banias*, qui sort d'une grotte près
de Césarée de Philippes; le *Dan*, qui a sa source
au bord du Banias près de Tel-el-Kadi, et le *Nar
Ha-bani*, qui vient de Hasbeya, au pied du Djebel
el-Scheik.

Ces trois rivières réunies forment le Jourdain
qui se jette dans le lac Houlé, à une demi-lieue
duquel on trouve le pont de Jacob. Le Jourdain en
cet endroit n'a que 35 pieds de largeur, mais il
paraît avoir une grande profondeur. C'est au sud
de ce pont, et dans la distance qui le sépare du
lac de Tibériade, que commence la dépression de la
vallée du Jourdain, qui est la plus remarquable
des dépressions du globe, tant par sa longueur que
par son incroyable profondeur. Elle s'étend jusqu'au point de partage des eaux entre la mer Morte
et la mer Rouge, sur une longueur de trois degrés

de latitude : son point le plus bas est le bassin de
la mer Morte. Du pont de Jacob, le Jourdain se
rend au lac de Tibériade ; en sortant de ce lac, le
fleuve est fort large, mais peu profond ; il se
rétrécit et se rend à la mer Morte par beaucoup de
sinuosités. La plus grande largeur du Jourdain, en
été, ne dépasse pas 150 pieds, la longueur entière
de son cours est d'environ 42 lieues. La différence
du niveau de la mer de Tibériade et de la mer
Morte est de 716 pieds ; par conséquent, en admet-
tant une distance de 25 lieues entre les deux mers,
le Jourdain a une pente moyenne de 28 pieds 3/5
par lieue. Les sources sont à plus de 800 pieds
au-dessus du niveau de la Méditerranée, et son
embouchure à 1,341 pieds au-dessous, ce qui donne
une pente totale de 2,141 pieds.

— Ouf ! que d'érudition ! s'écria Maurice, quand
enfin Georges voulut bien s'arrêter ; où as-tu
trouvé tant de science ?

— Dans une petite géographie que je porte toujours dans ma poche, et qui donne de nombreux
détails sur les pays que nous parcourons. Hier
matin, je n'en savais pas plus que vous, mais le
soir, avant de m'endormir, j'ai étudié mon *Jourdain*, et vous voyez que j'ai retenu quelque
chose.

— Je veux emporter de cette eau à Paris, dit
Charles en remplissant une outre qu'il boucha
ensuite avec soin. Avec les olives de Gethsémani

et la rose de Jéricho que les bons Pères Franciscains m'ont donnée, ce sera l'une de nos plus précieuses reliques.

De son côté Alfred recueillait de petits coquillages, des univalves du genre *buccinum* et des bivalves du genre *cyclas*.

Georges et Maurice coupaient quelques-uns de ces beaux roseaux qui bordent le Jourdain et dont la plupart atteignent une hauteur de 4 mètres. Ils le faisaient avec une certaine précaution, car ces épais fourrés sont le repaire de nombreux animaux sauvages, et, plus d'une fois, ils virent des onces et des chacals qui se glissaient à travers les branches.

Il était temps de songer à se remettre en route, mais personne ne voulait s'en aller. On s'assit encore une fois sous le saule : dans le bosquet voisin, une quantité de petits oiseaux voltigeaient, gazouillaient, sifflaient. Tout à coup, comme s'il eût voulu souhaiter· la bienvenue aux jeunes voyageurs, un rossignol se mit à chanter, et sa voix mélodieuse leur fit perdre pendant une heure entière la notion du temps.

Enfin, il fallut partir. Nos pèlerins burent à longs traits l'eau sainte, si agréable par son goût et sa fraîcheur, et reprirent leur marche.

Il était midi ; le thermomètre marquait 45 degrés.

Deux heures plus tard, après un trajet pénible, ils arrivèrent à une petite distance de la mer Morte.

Alfred et Maurice, qui avaient piqué leurs montures et s'étaient élancés au galop sur une dune qui borde le rivage, furent brusquement jetés sur le sable par leurs chevaux. Les pauvres bêtes, qui voyaient pour la première fois cette mer éblouissante, en furent effrayées, firent des écarts, et finalement reculèrent dans la plaine.

Les deux petits cavaliers en furent quittes pour un moment de vertige. Une fois remis sur pied, ils se rapprochèrent de Charles et de Georges, et l'on contempla longtemps cette fameuse mer Morte qu'on était venu chercher de si loin. Tous quatre furent d'avis qu'ils ne pourraient ajouter, ni reprendre un mot, à la description qu'ils en avaient lue chemin faisant.

« Qu'on se représente un vaste bassin qui se prolonge à perte de vue entre deux murailles hautes de 1,000 mètres et séparées l'une de l'autre de 5 à 6 lieues. Cette immense étendue est remplie par une eau limpide, un peu blanchâtre quand on la voit de près. Mais à une certaine distance, et à cette heure du jour où un soleil des tropiques pèse sur cette masse liquide, unie comme une glace, et qui réfléchit de toutes parts des rayons éblouissants, rien ne rappelle que c'est de l'eau, ni l'agitation des vagues, ni les brises de la mer. Aucune voile ne sillonne les flots, on n'aperçoit pas un être animé au milieu de cette scène de mort. A part quelques roseaux qui se dressent sur des monticules sablonneux vers les montagnes de la Judée, on ne voit pas un arbre, pas une plante.

« Le ciel est sans nuage, l'air sans mouvement, les montagnes sans ombre et sans verdure. Le rivage couvert d'une bordure de sel est blanc et paraît calciné. Des branches, des racines et des arbres entiers, arrachés aux rives du Jourdain et repoussés promptement sur la grève, ont pour écorce une couche de sel, et enferment cette mer lugubre comme une enceinte d'ossements. L'œil ne peut se reposer nulle part tant la lumière est vive et éclatante. Une chaleur intense, pareille à celle d'une fournaise, vient augmenter le malaise qu'on éprouve ; de sorte qu'après avoir ardemment désiré de voir une mer si célèbre, on se sent pris à son aspect de tristesse et de dégoût, on veut s'éloigner aussitôt de cette plage frappée de malédiction.

« A la place de la mer Morte s'élevaient les villes e Sodome et de Gomorrhe, que Dieu punit de leurs crimes en faisant pleuvoir sur elles le soufre et le feu du ciel. Depuis, ces lieux sont arides, inhabités et déserts. Les poissons qui sont entraînés dans cette mer par le Jourdain y meurent aussitôt : elle ne contient rien de vivant ni de végétant. »

Charles, l'infatigable nageur, voulut, malgré les supplications de son frère et de ses cousins, se baigner dans la mer Morte ; il tenait à voir par lui-même si ce que l'on dit de la pesanteur de ses eaux est exact.

Il savait que la pesanteur spécifique du corps humain est presque toujours inférieure à celle de l'eau douce, et qu'il doit naturellement y surnager. Il savait par expérience aussi que l'exercice de la natation est plus facile dans la mer que dans les rivières ; à plus forte raison, se disait-il, doit-on surnager dans la mer Morte dont les eaux — il venait de le lire dans le petit livre de Georges — renferment dix fois plus de matières salines que celles de l'Océan.

Charles entra donc dans la mer avec la persuasion qu'il allait y nager très facilement, mais quelle ne fut pas sa surprise de constater qu'il ne pouvait se servir de ses pieds, lesquels restaient hors de l'eau, et avec les mains seules il avançait fort peu. N'ayant pas d'appui suffisant, il n'était pas maître de ses mouvements et se sentait soulevé et ballotté à droite et à gauche.

Dans un de ces mouvements involontaires, il but passablement de cette eau affreuse.

— Pouah ! se dit-il, mon intention était bien d'en boire un peu, mais pas tant que cela !

Cette eau, en effet, est tout ce qu'il y a de plus amer et de plus nauséabond. Le nageur en eut la langue et le palais comme brûlés, et ut pris d'un violent accès de toux qui l'obligea à gagner le rivage.

Peu après il rentra dans l'eau et put décider Georges à en faire autant, mais celui-ci éprouva une sensation si étrange que la peur le saisit quoiqu'il fût bon nageur, et il sortit au plus vite.

Il semblait à Charles qu'il flottait sur une eau huileuse, sans fraîcheur, désagréable au toucher. Il essaya de nager sur le côté : de cette façon, ayant un pied et une main dans l'eau, il avança plus facilement.

Tout d'abord il avait résolu de s'aventurer assez loin, mais, bien qu'il se fût muni d'un chapeau de paille, il craignit une insolation sous ce soleil de 60 degrés. Durant quelques minutes il se laissa flotter sur l'eau, et essaya de plonger ; mais, malgré tous ses efforts, il descendit à peine à deux brasses au-dessous de la surface.

A cette petite profondeur il n'y voyait plus, tant à cause de la densité de l'eau que parce qu'il éprouvait une vive douleur aux yeux. Dès qu'il eut regagné le bord, la douleur cessa, mais il avait l'haleine brûlante à cause de l'eau qu'il avait bue ; il lui semblait que sa langue et son palais étaient recouverts d'une couche de sel.

En sortant de l'eau Charles s'aperçut que ses camarades s'étaient passablement éloignés ; ils étaient allés se reposer, le laissant faire ses évolutions dans la mer Morte. Il les rejoignit à un quart de lieue du rivage et fut accueilli par de grands éclats de rire.

— Qu'y a-t-il donc de si drôle ? demanda-t-il légèrement interdit.

— Quelle statue de sel ! autant la femme de Loth ! criait Alfred.

— Aussi bien c'est dans ce pays qu'elle a été changée en statue de sel, la femme de Loth, mais je ne vois pas quelle relation.....

— Mais, mon pauvre ami, ne sens-tu pas que tu as la figure couverte d'un masque de sel ?

Charles avait bien-éprouvé de la pesanteur aux yeux, mais il l'avait attribuée à un reste de la douleur qu'il avait ressentie en plongeant. Il était en effet entièrement recouvert d'une couche de sel, dont il essayait vainement de se débarrasser.

Force lui fut de garder ce masque incommode jusqu'à la fontaine d'Élisée, où il put enfin se débarbouiller à loisir.

Les pèlerins auraient dû reprendre le chemin de Jérusalem, mais il faisait si bon auprès de cette fontaine aux eaux limpides, qu'ils décidèrent à l'unanimité d'y passer la nuit. D'ailleurs ils étaient harassés, car il ne leur avait pas fallu moins de six heures d'une course extrêmement fatigante pour venir de la mer Morte à la fontaine d'Élisée.

Georges, toujours prêt à endosser la dignité de cuisinier en chef, avait préparé un café excellent qui terminait fort agréablement le repas composé de viandes froides et de fruits.

Alfred et Maurice chantaient une de nos vieilles chansons françaises, dont le rythme vif et original contrastait singulièrement avec la gravité du pays et les sévères impressions de la journée.

Depuis un instant, Charles, toujours attentif et prudent, remarquait dans l'obscurité des allées et venues qui ne laissaient pas que de lui donner des inquiétudes. Il n'avait pas encore fait part de ses craintes à ses compagnons, que, tout à coup, on vit briller derrière les tentes un feu magnifique qui éveilla l'attention de tous.

— Voilà un tableau digne de la main d'un grand peintre! s'écria Alfred en cherchant ses crayons.

Au fond du tableau, on voyait douze Bédouins debout, demi-nus, appuyés les uns sur les autres, qui chantaient en frappant dans leurs mains. Ils se balançaient à droite et à gauche, et fléchissaient leurs genoux d'une manière langoureuse, selon l'expression de leurs chants. A côté, assis par terre sur un tapis, était leur chef, fumant un narguilé de Damas, et donnant, comme un chef d'orchestre, la mesure de cette musique sauvage. Vis-à-vis, un nègre attisait le feu brillant qui éclairait cette scène pittoresque.

Sur le premier plan, deux jeunes gens, fils d'un Aga de Jérusalem, dans leur riche et gracieux costume, donnaient la représentation d'un combat. Armés chacun d'un yatagan, ils sortirent brusquement de l'épais feuillage et fondirent l'un sur l'autre.

Après une lutte acharnée, l'un d'eux, pour mettre fin au combat, tira un pistolet de sa ceinture, et étendit son adversaire à ses pieds. Heureusement ce n'était pas sérieux ; celui-ci se releva aussitôt, et tous deux exécutèrent une danse guerrière. Leurs attitudes singulières, caractéristiques, excitaient à un haut point l'intérêt des spectateurs ; pas un ne se douta qu'ils avaient passé plus d'une heure à regarder cette scène étrange, inattendue, qui rapprochait ainsi, au milieu de la nuit et au milieu du désert, des hommes venus de différentes parties du monde et qui allaient se quitter aussitôt pour ne plus se rencontrer jamais.

Le lendemain, ils repartirent pour Jérusalem, où ils arrivèrent à quatre heures du soir ; mais Maurice avait tellement souffert de la chaleur pendant ce petit voyage, qu'il en eut la figure brûlée et qu'il fut pris d'une fièvre violente qui l'obligea à se mettre au lit.

CHAPITRE XVII

Heureusement l'indisposition du petit garçon fut de courte durée, et, le surlendemain, de très bonne heure, les jeunes gens assistaient une dernière fois à la messe sur le Golgotha.

Après avoir revu les principaux sanctuaires, ils rentrèrent chez eux et reprirent à la hâte les dernières dispositions pour leur voyage à Nazareth.

Les préparatifs terminés, Maurice, encore faible et impressionné par sa dernière mésaventure, exprima sa crainte des dangers nouveaux, auxquels la caravane allait être exposée.

— N'aie donc pas peur, lui dit Georges, il n'y a, somme toute, que 24 lieues d'ici à Nazareth, et la route que nous allons parcourir a été de tout temps l'une des plus fréquentées de la Palestine : c'est la route de la Samarie et de la Galilée. Étudie un peu la carte... — elle court directement au nord en passant par El-Bir, Jébrud, Naplouse, Sanour, Djenin, où elle coupe la grande route de Gaza à Damas; puis elle va à Nazareth à travers la plaine d'Esdrelon.

Nous avons visité jusqu'ici la première partie de la Palestine, dont la ville principale est Jérusalem ; la seconde partie, que nous allons traverser, est la Samarie et a pour capitale Naplouse ; ensuite nous visiterons la troisième partie qui a pour ville principale Nazareth.

Le premier et le plus important tiers de notre pèlerinage est donc fait ; tout s'est bien passé, et j'ai confiance que le reste s'effectuera tout aussi heureusement.

Cette petite explication géographique calma les inquiétudes de Maurice — on ne sut trop pourquoi, — et nos jeunes gens, le cœur bien gros, allèrent faire leurs adieux aux bons Pères Franciscains auxquels ils devaient tant de reconnaissance. Ces bons religieux avaient pensé à tout : non seulement ils avaient préparé pour les voyageurs d'abondantes provisions ; mais encore toutes espèces de petites et précieuses reliques des saints lieux avaient été réunies dans une caisse soigneusement fermée.

Le tout fut chargé sur l'une des mules, et l'heure du départ sonna.

En pleurant, les enfants prirent congé de ces

A travers la Samarie.

amis dévoués que le bon Dieu leur avait ménagés à Jérusalem.

Ils sortirent par la porte de Jaffa. Arrivés sur la hauteur, ils se retournèrent pour voir encore Jérusalem qu'ils quittaient pour jamais. Leur cœur se serra, leurs yeux se remplirent de larmes, et cependant ils remercièrent Dieu de la grâce extraordinaire qu'Il leur avait faite en les conduisant dans la Ville sainte.

A la tombée de la nuit, ils atteignirent le village de Djafna où des jeunes gens qu'ils avaient rencontrés en chemin leur offrirent l'hospitalité. Ils les conduisirent chez leurs parents pour y passer la nuit dans l'unique pièce de la maison. Une partie de la famille était déjà couchée et dormait tout habillée sur des nattes dans un coin de l'appartement. Les voyageurs étendirent leurs tapis par terre dans un autre coin, et, après avoir mangé des œufs durs qu'ils avaient apportés de Jérusalem, ils souhaitèrent une bonne nuit à leurs hôtes inconnus et ne tardèrent pas à s'endormir.

Une riche et belle vallée s'étend au pied de la colline sur laquelle ce village est bâti. Il y a une quantité de beaux oliviers, de figuiers et de grenadiers ; les coteaux sont garnis de vignes. Çà et là, on voit des ruines, mais il faudrait faire un séjour dans chaque village pour apprendre à connaître les ruines éparses dans toute cette contrée. Comme dans le reste de la Palestine, les habitants ne savent donner aucun renseignement, et les jeunes gens se dirent plus d'une fois que, malgré les nombreux et précieux ouvrages qui décrivent ce pays, il reste à découvrir une infinité de lieux aussi importants pour l'histoire profane que pour l'histoire sacrée.

Toute cette vieille terre de Chanaan est peuplée de souvenirs, mais les plus sacrés se groupent autour de Naplouse, l'antique Sichem, où paissaient les troupeaux du vieux Jacob.

Vingt minutes déjà avant d'y arriver les jeunes voyageurs s'étaient arrêtés au puits de Jacob, là où Jésus s'était assis et où il avait converti la Samaritaine. Un peu plus loin, au milieu de quelques arbres, ils avaient vu le tombeau de Joseph. C'est là que les Israélites ensevelirent les ossements du patriarche qu'ils avaient apportés d'Égypte à Sichem, dans une partie du champ de Jacob. Après trente-quatre siècles son tombeau est encore connu et vénéré, comme celui de sa mère, près de Bethléhem, et celui de son père Jacob dans la double caverne d'Hébron.

Quelques débris vivants de l'ancienne Samarie se trouvent encore à Naplouse, ce sont les Samaritains, aujourd'hui, comme au temps de Notre-Seigneur, ennemis jurés des Juifs *orthodoxes*. Ils se livrent à un misérable commerce; leur pauvreté est passée à l'état de proverbe en Palestine, et ils occupent le plus triste quartier de la ville.

Malgré l'heure déjà avancée, la route fut poursuivie, et l'on arriva en deux heures de Naplouse à Sébaste. La vallée est dominée par le mont Someron, où fut bâtie Samarie qui, sous le règne d'Achab, devint la capitale du royaume d'Israël. Cette cité fut reconstruite par Hérode, qui la nomma Sébaste, mais cette superbe Samarie, qui adora des dieux étrangers, n'offre plus aujourd'hui que des ruines.

CHAPITRE XVIII

— Voici la plaine d'Esdrelon, la plus vaste et la plus célèbre de la Palestine après celle du Jourdain ! s'écriait Georges.

Cette montagne qui s'élève au centre est le mont Hermon ; au nord se trouve le mont Thabor. La plaine est arrosée par le torrent de Cison.

— Ce pays illustré par de nombreux combats antiques a été ensanglanté par une bataille plus moderne, reprit Charles.

En 1799, tandis que l'armée française était occupée au siège de Saint-Jean-d'Acre, les populations environnantes prirent les armes, et Bonaparte fut obligé d'envoyer contre elle des colonnes pour contenir le pays et s'opposer à une armée turque qui venait de Damas. Les musulmans, battus dans les montagnes à Cana et à Nazareth par Junot et

Kléber, se replièrent dans la plaine, où ils pouvaient faire meilleur usage de leur nombreuse cavalerie ; après avoir reçu des renforts, ils vinrent camper près de Fouli. Trois mille Français commandés par Kléber attaquèrent trente mille musulmans, dont vingt mille cavaliers. Le général en chef, qui n'avait laissé que deux divisions devant Saint-Jean-d'Acre, accourait par les montagnes avec le reste de son armée : c'était le 16 avril. Les Français, aux prises avec leurs ennemis, se battaient depuis cinq heures consécutives, lorsqu'un coup de canon se fit entendre sur les hauteurs de Nazareth : « C'est Bonaparte ! » s'écrièrent-ils ; et bientôt les Ottomans, enfermés dans un triangle de fer et de feu, prirent la fuite dans toutes les directions. Telle fut l'éclatante victoire qui, dans les annales de la France, porte le nom de bataille du Thabor.

Tout en écoutant attentivement le narrateur, la caravane avançait dans les champs d'Esdrelon. A peine les têtes dépassaient-elles la hauteur des chardons et des plantes sauvages desséchées par le soleil.

De temps à autre, un bruissement de tiges ou de feuilles frémissant au passage d'un animal faisait tressaillir les enfants.

— Quelles bêtes y a-t-il là dedans ? demanda Maurice, qui avait vu quelque chose glisser à un demi-mètre de distance.

— Probablement des serpents qui sont descendus des montagnes et qui viennent se cacher dans ces fourrés épais, où personne n'a jamais troublé leur brûlante solitude, répondit Georges. Leur voisinage m'inquiète, mais qu'y faire ?

— Quel pays ! s'écria Alfred, et qu'il fait chaud ! Et dans cet immense espace, pas un arbre qui nous offre un abri. Avez-vous remarqué comme le sol est crevassé, creusé par les ardeurs du soleil : tout est consumé, les villes, l'herbe des champs et jusqu'à l'eau des fleuves ; pas une rivière qui ne soit desséchée.

— A quoi bon se plaindre ! dit Charles sévèrement. Le souvenir que nous garderons de ce pays sera un des plus palpitants de notre voyage. Pour moi, je n'oublierai jamais ce tableau dont le caractère étrange m'inspire en même temps l'admiration et l'effroi.

Charles avait beau dire, on mourait de chaleur et de soif, mais personne ne se plaignit plus, et enfin on arriva, vers le soir, dans la ville de Nazareth.

De loin, les voyageurs avaient salué la *cité blanche*, pittoresquement située sur le penchant d'une colline, à l'extrémité septentrionale d'un large vallon où croissent la vigne, l'olivier, le figuier, le nopal et l'amandier. Des champs de blé et quelques prairies naturelles entourent la ville de Joseph et de Marie.

— Où logerons-nous ? demanda Maurice toujours inquiet.

— Si vous m'en croyez, répondit Alfred, nous irons demander l'hospitalité aux Révérends Pères Franciscains, et leur porter les lettres de recommandation que nous a données le Père gardien de Jérusalem. Avec un pareil passeport, nous sommes sûrs d'être reçus.

La proposition fut trouvée bonne, et l'on se dirigea vers le couvent. En entrant dans la cour, Alfred tira un coup de revolver pour annoncer leur arrivée ; le coup de feu attira, outre le Frère qui vint ouvrir la porte, tout un essaim d'enfants qui entouraient les montures et souhaitaient la bienvenue aux pèlerins.

Le Frère, par le plus heureux des hasards, parlait français. Très surpris de voir ces quatre jeunes gens seuls et sans guides, il se hâta de les conduire à son supérieur, auquel ils remirent leurs lettres.

Le Père les accueillit avec la plus grande douceur, les félicita de leur courage, de leur pieuse énergie. Il recommanda qu'on prît d'eux le plus grand soin et qu'on leur fît servir un bon souper.

Certes, ce n'était pas de refus ! Depuis trois jours les voyageurs n'avaient rien avalé de chaud, et l'estomac de Maurice commençait à protester énergiquement contre ce régime.

Malheureusement, octobre n'est pas à Nazareth

la saison des fruits et des légumes, mais c'est
celle des poulets, paraît-il. En tous cas, deux fort
beaux exemplaires de l'espèce, gros et cuits à
point par le Frère cuisinier, procurèrent à nos
amis un des plus succulents repas qu'ils eussent
fait depuis longtemps.

Le plus ancien des Pères leur donna son heure
pour le lendemain matin : ce bon vieillard voulait
conduire lui-même cette jeune caravane dans les
sanctuaires vénérés, où le Fils de Dieu a passé une
grande partie de sa vie.

Le couvent entoure entièrement la très jolie
église, dédiée à sainte Marie, qui renferme la
grotte de l'Annonciation. C'est là que s'élevait la
petite maison de la sainte Vierge, avant qu'elle fût
transportée par les anges à Lorette, sur les bords
de l'Adriatique.

La chapelle de l'Annonciation est située derrière
le maître-autel ; on y descend par un escalier de
dix-sept marches. L'endroit où la sainte Vierge
était assise quand l'envoyé du Seigneur lui apparut est marqué par une colonne de granit; à une
petite distance, une autre colonne indique la place
où l'ange s'est arrêté. Un petit autel, autour duquel
des lampes d'argent brûlent continuellement,
s'élève dans le fond. Sur un morceau de marbre
blanc, qu'on voit au bas de l'autel, on lit ces mots :

Verbum caro hic factum est.

Avec quelle douce ferveur les enfants récitèrent

l'*Ave Maria*, dans ce lieu béni où il fut prononcé il y a dix-neuf siècles. Ils entendirent ensuite, dans le plus grand recueillement, la sainte messe, que célébra le Père Jérôme et à laquelle ils remarquèrent avec plaisir qu'un grand nombre de Nazaréens étaient venus assister.

Les jeunes voyageurs récitèrent ensuite le chapelet ; ils ne pouvaient se lasser de dire et de répéter la salutation angélique dans l'endroit où s'est accompli le miracle de notre Rédemption.

Et puis, n'est-ce pas à Nazareth que vivait cet Enfant-Jésus si pur, si pieux, si beau, le plus beau de tous !

Le Père Jérôme, qui avait pris en affection les quatre amis, eut l'extrême obligeance de demander à son supérieur la permission de les conduire encore aux autres lieux remarquables de la ville.

A une petite distance de la demeure de Marie, il leur montra l'atelier de saint Joseph, où Jésus a gagné sa vie du travail de ses mains, jusqu'à l'âge de trente ans. Cet atelier a été converti en chapelle.

Dix minutes plus loin, on trouve la fontaine où la sainte Vierge venait puiser l'eau nécessaire à la sainte Famille.

On montre encore, dans une chapelle qui appartient aux Franciscains, un bloc de pierre qu'on appelle la *Table du Christ*, parce que, selon les traditions, Notre-Seigneur y prit plusieurs fois ses repas avec ses disciples, avant et après sa résurrection.

Quand ils eurent achevé quelques pieuses visites, Maurice dit au religieux :

— Dites-moi, mon Révérend Père, comment se fait-il que Nazareth, qui était appelée la « ville de de Jésus », ait si peu d'endroits consacrés par quelque souvenir se rattachant à la vie du Sauveur ?

— N'oubliez pas, mon enfant, que cette ville, aussi ingrate que toute la nation juive, a répudié son Messie et a voulu le faire mourir. Aussi l'Évangile nous dit que Jésus n'y a pas fait beaucoup de miracles, à cause de l'incrédulité de ses habitants.

CHAPITRE XIX

OU L'ON RACONTE DES ÉVÉNEMENTS AUSSI AGRÉABLES

QU'INTÉRESSANTS

Le lendemain, dès cinq heures du matin, les voyageurs avaient repris leur course et s'acheminaient vers le Thabor. A sept heures, ils arrivaient au pied de la montagne, près du village de Deburich, où l'on croit que Jésus guérit le jeune homme possédé d'un esprit muet.

La forme du Thabor est celle d'un dôme un peu ovale et parfaitement régulier. Il est isolé de trois côtés et s'avance dans la plaine d'Israël, vis-à-vis du mont Hermon, avec lequel il forme un contraste frappant par la beauté de ses formes et la fraîcheur de sa végétation ; du côté du nord, il tient légèrement par la base aux montagnes de la Galilée qu'il surpasse toutes par sa hauteur, comme par la célébrité de son nom. Les voyageurs en le contemplant se redisaient cette parole : « S'il pouvait y avoir sur la terre un trône digne de l'Éternel, ce trône serait le Thabor! »

Maurice voulut monter à cheval, les autres suivaient à pied. Tout à coup, sans qu'on pût en déterminer la cause, le cheval se cabra et jeta son cavalier dans un fourré, tandis qu'il s'arrêtait lui-même un peu plus loin. Maurice se releva, il n'avait aucun mal, mais sa chute avait soulevé une nuée de perdrix ; jamais nos voyageurs n'en avaient vu un si grand nombre à la fois. De temps à autre aussi une gazelle fuyait à leur approche, et Georges prétendit qu'il n'est pas rare de rencontrer sur cette montagne des panthères et des léopards.

En moins d'une heure on arriva au sommet. C'est un plateau d'une demi-lieue de circonférence, légèrement incliné vers le couchant et tout couvert de chênes, de lierres, de bosquets, de ruines et de souvenirs.

Les voyageurs s'avancèrent aussitôt dans la partie sud-est du plateau, à l'endroit désigné par les traditions comme étant celui où Jésus s'est transfiguré. Trois autels ont été construits sous de petites voûtes. Les jeunes gens se prosternèrent contre terre, baisant avec respect le sol sacré. C'est là que Jésus, prenant avec lui Pierre, Jacques et Jean, se transfigura devant eux : son visage resplendit comme le soleil, et ses vêtements devinrent blancs comme la neige.

Quand ils eurent largement satisfait leur dévo-

tion, ils vinrent s'asseoir au bord méridional de la
montagne, et, silencieux, pensèrent tout bas que les
voyageurs qui les ont précédés sur la sainte montagne ont raison de dire qu'on admire de là-haut le
plus beau spectacle de la terre.

« Le regard s'étend au loin vers le sud, à travers
les montagnes de Gelboé, sur les chaînes bleuâtres
de Juda et d'Ephraïm ; les hauteurs plus sombres
du Carmel arrêtent la vue au couchant ; au nord,
elle se promène sur la Galilée tout imprégnée des
pas et des miracles de Jésus-Christ ; elle descend
dans l'ombre de ces vallées pour se porter ensuite
sur la cime la plus élevée de l'Anti-Liban, le grand
Hermon, presque toujours couronné de neiges et
de nuages ; puis viennent les déserts de l'Haouran,
la vallée du Jourdain avec son fleuve sacré. L'immense plaine d'Esdrelon, où les guerriers de toutes
les nations ont planté leurs tentes, se déploie
comme un tapis éclatant d'or, digne des splendeurs
d'un tel lieu. »

Les enfants, en face de cette magnificence, se
sentaient pris d'enthousiasme : ils croyaient voir
encore la nuée lumineuse et entendre la voix de
Dieu.

Le temps, du reste, les favorisait ; il était
d'une extrême limpidité ; la lumière était si vive
qu'elle rapprochait les objets les plus éloignés. On
voyait aussi distinctement Safed et les montagnes
de Dscholan et de Naplouse que les tentes des

Bédouins étendues à leurs pieds dans les champs d'Esdrelon.

Les pèlerins avaient peine à s'arracher à la sainte montagne ; ils répétaient après saint Pierre : *Domine, bonum est nos hic esse !* Mais le temps passait, il fallait bien se décider à redescendre.

Cinq lieues les séparaient de Tibériade.

Après une marche assez longue, ils atteignirent le village nommé El-Sabt, où commencent les rochers volcaniques qui entourent la mer de Tibériade.

Ils se trouvaient dans la plaine si tristement célèbre d'Hittin, où les chrétiens perdirent, avec la vraie croix, la ville sainte et bientôt après la plus grande partie de la Palestine.

La chaleur était suffocante. Il n'y avait pas un arbre dans cette vaste étendue, pas une goutte d'eau. Mais, arrivés à l'extrémité orientale, ils oublièrent la chaleur et la fatigue, en voyant à leurs pieds le beau lac de Génésareth, entouré de hautes montagnes encore resplendissantes des souvenirs divins de Celui qui a parcouru ses rives en faisant le bien. Les débris de Tibériade, de Magdala, de Génésareth, de Capharnaüm, de Bethsaïde, le ceignent de leur gloire évangélique.

Rien n'était charmant, au témoignage des vieux historiens, rien n'était pittoresque, comme les rivages de Tibériade au temps de Jésus-Christ. Des forêts de chênes et de pins couvraient les montagnes, des bois de palmiers et d'oliviers alternaient avec de vastes champs de blé et des prairies fertiles. De nombreuses villas s'élevaient aux environs du lac ; on voyait sur ses bords des figuiers, des vignes et des roseaux aromatiques d'où découlait un baume délicieux ; des villes prospères animaient ces contrées, mais aujourd'hui il n'y a plus ni arbre, ni culture, ni ville, ni villa, ni peuple autour de Génésareth, et le voyageur qui l'explore ne peut se défendre d'une tristesse profonde à la vue de son dépeuplement et de ses ruines. Il se souvient de ces terribles paroles de Jésus-Christ : « Malheur à toi, Corozaïn ! malheur à toi, Bethsaïde !... et, toi, Capharnaüm, qui as été élevé jusqu'au ciel, tu seras abaissé jusqu'aux enfers ! »

Des hauteurs de la plaine d'Hittin jusqu'au lac, on descend une berge d'environ 1,000 pieds ; il faut une heure pour arriver à Tibériade. Mais à cette heure du jour — à trois heures, — rien n'est triste comme une ville d'Orient. On ne voit pas un habitant. Les chiens et les chameaux, couchés à l'ombre de quelques vieux murs, paraissent morts. Le soleil écrase toute la nature, les yeux ne peuvent en supporter l'éclat, les arbres même s'inclinent sous le poids de ses rayons brûlants.

La caravane traversa quelques rues désertes, et, selon l'habitude qu'elle en avait prise à Jérusalem et à Nazareth, s'en alla frapper à la porte de la maison de *Terre-Sainte*.

Le Père Bonaventure, un Franciscain aussi, vint leur ouvrir et les reçut à bras ouverts.

Après avoir accepté des rafraîchissements gracieusement offerts, et prié un instant dans l'église de Saint-Pierre, on se mit aussitôt à parcourir la ville et les environs.

Le lac de Tibériade est appelé lac ou mer de Génésareth et mer de Galilée. Notre-Seigneur s'est plu à répandre ses prodiges et ses divins enseignements autour de cette mer privilégiée. C'est parmi les pêcheurs de ces rivages qu'il choisit ses apôtres. C'est ici que Jésus calma la tempête, lorsqu'un vent violent mettait en péril la barque que montaient ses disciples. Ce fut sur cette mer qu'il apparut comme un esprit, à la quatrième veille de la nuit, en marchant sur les eaux, et que Pierre, voulant aller à lui, commença à enfoncer et s'écria : « Seigneur, sauvez-moi! » Là, il chassait les démons et guérissait tous les malades. Une grande multitude était accourue et suivait Jésus : il la nourrissait de sa parole et du pain multiplié miraculeusement par sa toute-puissance. C'est là encore que la belle-mère de saint Pierre, le paralytique qu'on descendit par le toit d'une maison, la fille de Jaïre, le serviteur du centurion et une infinité d'autres éprouvèrent sa bonté et son divin pouvoir. Ce lac était bien le lac de Jésus, Il l'aimait par-dessus tous les autres.

Georges, Alfred et Maurice, assis sur le rivage,

s'entretenaient de tous ces grands et lointains événements. Charles les avait quittés, cherchant sur
les bords quelques coquillages ou quelques galets
qu'il voulait emporter comme un souvenir. N'en
ayant trouvé aucun, il se dit qu'il allait en chercher au fond de la mer, et, se jetant à la nage, il
plongea hardiment. Mais la mer en cet endroit était
plus profonde qu'il ne l'avait cru, et ce ne fut pas
sans peine qu'il réussit à saisir une demi-douzaine
de petites pierres entre les rochers qui en garnissent le fond.

Pendant ce temps, les trois causeurs s'étaient
aperçus de la disparition de leur camarade, et, ne
le voyant ni sur l'eau, ni sur le rivage, l'appelaient
avec des cris désespérés. Quand enfin il reparut à
la surface, il les vit courant tous, le long des
bords, d'un air affolé.

— Me voici! leur cria-t-il, et nageant de leur
côté il ne tarda pas à les rejoindre.

— Décidément, Charles, je ne te reconnais pas,
dit Georges avec amertume, tu te joues de nos
inquiétudes !

— Vous avez raison, mes amis, j'ai eu tort de
ne pas vous prévenir.

La petite société, au grand complet, reprit la
conversation interrompue, mais Maurice ne tarda
pas à se plaindre de la soif.

— J'ai voulu boire l'eau du lac, dit-il, mais elle
est chaude.

— Tu n'as qu'à la puiser dans un des vases poreux que nous avons emportés, lui dit Georges, et à la laisser s'évaporer à l'air et même au soleil : elle ne tardera pas à être parfaitement fraîche. Les habitants de ce pays ont coutume de la rafraîchir pendant la nuit à l'aide de ce même procédé, vieux de deux mille ans au moins.

Alfred fit alors remarquer à ses amis que les rochers qui bordent le rivage sont percés de cavernes aujourd'hui habitées par des colonies de pigeons et de tourterelles. Ces timides oiseaux y sont si nombreux qu'ils ont donné leur nom à la vallée : c'est le *Wadi-Huma*, vallée des pigeons.

Voyant ensuite une barque de pêcheurs échouée sur la grève près de Tibériade, le petit garçon la mit à la mer, et, s'emparant d'un filet qui y était resté, il essaya gravement de pêcher. Son attente ne fut pas longue, on le vit bientôt revenir d'un air triomphant : il avait pris deux superbes poissons de l'espèce appelée *poissons de saint Pierre*.

Georges Daville, en sa qualité de cuisinier, fut particulièrement ravi. Ce fut, le soir, le plat de résistance qui fut déclaré excellent : le jeune cordon bleu s'était surpassé.

Les voyageurs passèrent ensuite une soirée délicieuse sur la terrasse de l'hospice, contemplant, à la lueur des étoiles, cette belle mer de Galilée, dont aucune nacelle et aucun écho ne troublaient le silence. Tout était morne et désert, les hommes et les éléments se taisaient : la nature entière semblait craindre de troubler le calme religieux de ces solitudes.

On repartit le lendemain, et, après avoir en passant salué de loin la montagne de la multiplication des pains et celle des Béatitudes, les voyageurs arrivèrent vers midi au village de Cana. C'est là que Jésus, à la prière de sa Mère, fit son premier miracle.

A deux cents pas du village se trouve la fontaine où l'on avait puisé de l'eau qui a été changée en vin. Nos jeunes pèlerins allèrent s'y désaltérer et eurent soin d'en remplir un flacon qu'ils voulaient emporter en Europe.

De Cana à Nazareth, il n'y a qu'une lieue et demie de chemin ; la route, à travers les montagnes nues et crayeuses, est extrêmement ondulée : c'est la plus fréquentée de la Palestine.

Au moment où les pèlerins rentraient dans la petite ville, un orage éclatait, et les petits enfants, par leurs cris de joie, annonçaient le retour des pluies comme un grand événement.

Le lendemain matin, après avoir eu encore une fois le bonheur d'assister à la sainte messe dans le sanctuaire de l'Annonciation, les voyageurs prirent congé des religieux qui avaient eu tant de bontés pour eux, et, à huit heures, ils quittèrent Nazareth pour retourner à Beyrouth où ils arrivèrent quatre jours plus tard.

Le soir même, Charles écrivit sur ses tablettes : « J'ai eu toute la Palestine sous les yeux ; j'ai vu bien des plaines et des vallées d'une extrême fertilité, mais presque partout les bras manquent pour les cultiver. Si dans quelques parties, notamment dans la Samarie, les fellahs sont plus nombreux, là aussi se trouvent les populations les plus remuantes, les plus vindicatives, les plus rapaces, et les dévastations les plus fréquentes. La sécurité, le droit, la justice n'existent nulle part ; des vautours, sous le nom de pachas, dévorent toute la subsistance du peuple, et ne lui laissent des produits de son travail que ce qui est strictement nécessaire pour qu'il ne meure pas de faim. A quoi serviraient des terres fertiles dans les mains de ces barbares possesseurs ? On sait maintenant ce qu'ils ont fait de la terre promise, et comment ils exécutent encore les décrets du Ciel. Les collines qui étaient cultivées en terrasses, et sur lesquelles était retenue une terre féconde, sont couvertes des débris des montagnes, la terre a été emportée par les torrents, et il n'y croît plus assez d'herbe pour nourrir les animaux des champs.

« Comme il y avait fort longtemps que nous n'avions pris de café au lait, et que nous voyions un matin trois ou quatre vaches paître non loin de nous, j'eus l'idée de demander au berger qui les gardait s'il ne pourrait nous procurer un peu de lait.

« Du lait ? me dit-il, il n'y en a pas. Durant tout

l'été, les vaches n'ont rien à manger. — De quoi vivent-elles donc, lui dis-je ? — *De l'espoir d'avoir de l'herbe au printemps.* »

Les *animaux domestiques* de la Palestine sont : le bœuf, qui est rare et petit dans les environs de Jérusalem ; on le trouve plus fréquemment dans la Galilée, au-delà du Jourdain, et au nord de la mer de Tibériade ; il y a des *buffles* le long de la côte jusqu'en Égypte. Le *chameau* est employé partout pour porter les fardeaux. Mais l'*âne* est l'animal utile par excellence, comme monture et comme bête de somme ; il est plus grand, plus fort et plus leste qu'en Europe ; on le rencontre sur tous les chemins. L'âne était la monture ordinaire des juges et des Rois d'Israël ; aujourd'hui encore de grands personnages, des femmes surtout, ne dédaignent pas de s'en servir, même dans les villes ; les Orien- taux les dédommagent de nos mépris. Aussi ses allures sont plus fières : il sent son prix ; sensible aux bons traitements, il paye largement sa dette de reconnaissance ; du reste, il est sobre comme partout. Que de fois nous avons rencontré une mère montée sur un âne et portant son enfant sur les genoux, tandis que son mari menait le patient animal par la bride ! et nous pensions à la *fuite en Égypte !* Le *mulet* se voit encore très fréquemment en Palestine, où il est plus cher que le cheval. Le *cheval* est petit, le plus souvent de sang arabe ; mais, mal nourri, mal soigné, il atteint rarement les belles proportions que nous lui connaissons en Occident. Viennent ensuite les brebis, qui sont toujours très nombreuses bien qu'elles aient diminué, comme tout le reste, dans la proportion des habitants, de l'abondance et de la sécurité. Il y a un nombre considérable de chiens errants qui n'appartiennent à personne. Les Bédouins en ont toujours pour garder leurs tentes et leurs troupeaux. Quant au *porc*, il est rare ; la plupart des Orientaux, aussi bien que les Juifs, l'ont en aversion.

Les vastes plaines d'Esdrelon et du Jourdain, qui à elles seules pourraient nourrir tout un peuple, et qui sont coupées par des rivières et des fleuves, sont aussi arides et desséchées que les déserts de Noab et d'Engaddi.

La Judée actuelle, dans plusieurs de ses parties, justifie cependant encore l'idée qu'on a de la terre promise. Les deux plaines du littoral et du Jourdain, séparées par les montagnes de la Judée et de la Samarie, seraient propres à tous les genres de cultures. Ces deux plaines, de Gaza jusqu'au-delà de Beyrouth, et de la mer Morte jusqu'au lac de Tibériade, ainsi que plusieurs vallées intermédiaires, sont recouvertes d'une couche épaisse de terre végétale, qui semble ne demander que des bras industrieux pour donner les plus riches produits. Le Thabor et le Carmel ont conservé des restes de leur ancienne beauté ; la plaine de Saron a encore des tulipes et des anémones ; le fruit du palmier mûrit à Caïpha, à Tibériade, à Jéricho : il ne faudrait à cette malheureuse contrée que la bénédiction du Ciel pour redevenir un des plus beaux et des plus fertiles pays de la terre.

Hier nous avons vu une montagne entière toute en feu, sur une étendue de deux à trois lieues. Ce spectacle était grandiose et terrifiant. Comme les forêts n'appartiennent à personne, celui qui veut faire sa petite provision de bois pour la saison des pluies se rend à la montagne avec un ou deux ânes ; il met le feu aux herbes et aux bruyères desséchées par les ardeurs de l'été, et laisse courir l'incendie jusqu'à ce qu'il soit arrêté par des torrents ou des rochers. Il s'inquiète peu qu'il ait détruit plus de bois que la contrée n'en pourra reproduire pendant dix ou quinze ans : il coupe quelques fagots, prend un charbon pour allumer son narguilé, et s'en retourne dans sa cabane.

— Pourquoi ce déboisement de vos montagnes ? a demandé Georges à un des principaux du pays ; sans doute, le feu vous prépare une exploitation facile en consumant les feuilles et les petites branches des broussailles : une serpe pour couper et un âne pour emporter y suffisent amplement ; mais vous privez ainsi votre pays d'une véritable richesse. Autrefois la Palestine était très fertile et très peuplée, les sommets des montagnes, qui ne sont plus que des rochers arides, étaient couverts d'arbres, ce qui procurait une température plus douce en été, des rosées plus abondantes, une alimentation plus régulière des sources, et, par conséquent, l'assainissement et la fécondité du sol.

— Je n'en crois rien, a répondu froidement le Turc, il faut mettre souvent le feu à nos montagnes, parce que, si elles portaient des arbres au lieu de buissons, nous n'aurions ni les outils ni les chemins nécessaires pour faire nos provisions.

— Imbécile ! s'est écrié Georges avec indignation, on a raison de dire que, pour punir les hommes, Dieu leur ôte l'intelligence.

Georges eût désiré que notre retour s'effectuât par l'Égypte ; mais le temps presse, j'ai maintenant grande hâte de rentrer : nous sommes sans nouvelles de nos familles, Maurice est resté souffrant, les cours du collège sont recommencés depuis quinze jours ; voilà autant de graves raisons qui me font presser le départ. De Beyrouth nous gagnerons Constantinople et Paris, sans plus nous arrêter nulle part.

CHAPITRE XX

Paris avait ce soir-là un aspect triste et morne ; la bise soufflait violemment, une neige fine tombait depuis plusieurs heures. Les premiers froids, si pénibles aux vieillards, avaient agi sur l'humeur de M. Daville, isolé, silencieux, au coin de la cheminée. Il avait laissé tomber son journal, sa pipe s'était éteinte, et cependant il ne dormait pas : sa pensée peu à peu s'était reportée au temps où jeune et fort, entraîné par la passion des voyages, il avait parcouru le monde. Il songeait aux dangers nombreux qu'il avait courus dans ces courses lointaines ; il revoyait les sables brûlants des déserts, les neiges éternelles des Alpes, les voies ferrées se croisant sur tous les points du globe, et les vaisseaux sillonnant en tous sens l'immensité des mers. Mille souvenirs confus de ces horizons aimés se pressaient dans son cerveau, et parfois un soupir soulevait sa poitrine, comme si l'inquiétude du présent se fût mêlée aux regrets du passé.

Tout à coup la porte du salon s'ouvrit devant une véritable invasion. M. Daville se leva tout d'une pièce, hésitant à reconnaître dans les visiteurs qui lui sautaient au cou ses quatre neveux.

— Ah çà! mes amis, dit-il enfin, d'où venez-vous? Où avez-vous trouvé de pareils accoutrements?

— Un peu loin, mon très cher oncle, répondit Alfred en souriant; ces vêtements-là sont encore inédits dans la capitale.

— Des turbans, de larges pantalons, des ceintures flottantes!.. avez-vous donc perdu la tête?

— Du tout, elle est restée solide, en dépit des coups de soleil! dit Georges. Quant à notre costume, il est facile de vous l'expliquer : lorsqu'on a passé comme nous quelques semaines en Orient, les habits s'en vont les uns après les autres. Être toujours à cheval, coucher par terre tout habillé, nuit singulièrement à la toilette, et l'on est bientôt au dépourvu des pièces les plus indispensables. On est alors obligé de remplacer ceux qu'on perd par les vêtements du pays.

— Et l'on finit, interrompit l'oncle en riant, par avoir un costume qui ressemble assez à celui des chefs indiens, auxquels les Européens font présent d'une veste ou d'un chapeau. Mais vous ne m'avez pas encore dit d'où vous venez?

— De Jérusalem...

— De Jérusalem !... C'est bien, mes enfants...
mais quelles inquiétudes vous nous avez données !...

— Je le regrette, mon oncle, dit Charles, mais
nous vous avons obéi. Nous sommes allés loin, bien
loin, et nous avons fait en moins de trois mois
un voyage charmant, instructif, plein d'aventures
variées et de pieuses émotions, qui seront pour
toute notre vie la source des plus intéressants et
des plus religieux souvenirs.

— Eh bien, racontez-moi cela.

— Après le dîner, s'écria Maurice, car nous
mourons de faim !

FIN

TABLE DES MATIÈRES

TABLE DES GRAVURES

Tours, imp. DESLIS FRÈRES.

www.ingramcontent.com/pod-product-compliance
Ingram Content Group UK Ltd.
Pitfield, Milton Keynes, MK11 3LW, UK
UKHW020738120726
13693UKWH00001B/397